La formule Bardey

Illustration de couverture :
Thierry Lahontàa

Ouvrage publié avec le soutien
du Centre National du Livre

distribution : Les Belles Lettres

Alain Ricard

La formule Bardey
Voyages africains

coll. : Traversées de l'Afrique

éditions confluences

L'auteur en compagnie de Wole Soyinka,
à Abeokuta, au Nigéria, en 1989 (photographie Guy Lenoir).

Pour l'africanisme

Tout discours sur l'Afrique, et en particulier l'Afrique noire, ne peut-il relever que de la passion, voire de la compassion ? N'y a-t-il que les fous d'Afrique – titre d'un livre récent – pour s'intéresser à elle ? Quelles formes de raison peut-il convoquer ?

Depuis plus de trois décennies, j'ai la chance de me consacrer uniquement à l'Afrique : d'abord à l'université de Californie, puis à l'université du Togo, à l'agence de la francophonie, enfin au cnrs. J'ai donc acquis une certaine forme de spécialisation qui m'a amené à travailler dans diverses institutions mais toujours sur les mêmes thèmes. Je suis souvent interpellé : ce doit être une passion pour vous ?! Non ! L'écriture est une passion, pas l'Afrique. L'Afrique est une raison d'agir et de travailler, elle n'est pas l'objet d'une impulsion irrationnelle. Or j'ai compris, au fil des années, que la relation française à l'Afrique se vivait trop souvent sur le mode passionnel, c'est-à-dire en dehors des formes de savoir intellectuel. S'il est un besoin d'Afrique que je comprenne, c'est le besoin de connaissance. Cet essai est une critique de l'attitude des fous d'Afrique. Heinrich Barth, géographe et philologue, a inventé l'africanisme et son exemple mérite toujours d'être suivi.

J'ai abordé l'Afrique par les textes ; ceux de Wole Soyinka occupent une grande place dans mon itinéraire. Ils offrent une voie d'accès à la connaissance de l'Afrique. Comme toute grande œuvre, ils ont une dimension cognitive, qui n'est que rarement prise en compte dans les travaux qui lui sont consacrés. Wole Soyinka est beaucoup présent dans ce livre et c'est en pensant à son discours lors de la réception du Prix Nobel que j'ai écrit plusieurs de ces textes (Soyinka, 1986). Le passé auquel il se réfère est celui de la traite, puis celui de la colonisation. Beaucoup en Afrique mourraient de ne pas regarder en avant, telles sont les attitudes que traque un essai récent sous le vocable de négrologie. L'argument est un peu simpliste ! Wole Soyinka a raison : on ne peut faire l'impasse sur l'histoire ! Songeons dans notre pays à la mémoire douloureuse, souvent conflictuelle de la guerre d'Algérie, voire de la collaboration ou de la Commune. Il ne suffit pas qu'une commission cherche la vérité et la réconciliation pour que tout s'oublie. L'apartheid n'a pas fini de nous hanter et l'Empire français se rappelle tous les jours à notre souvenir par la présence d'une immigration en provenance des territoires qu'il comprenait. Alors est-on condamné à ne lire sur l'Afrique que des essais journalistiques, ou de pesants traités ? Où trouver sur une Afrique contemporaine, pleine de l'énergie des créateurs, une information qui soit le produit d'un dialogue avec, par exemple, des intellectuels africains ?

Ces pages sont le produit d'un tel dialogue poursuivi depuis des décennies : elles font confiance aux intellectuels africains les plus lucides et les plus courageux qu'il s'agisse de Wole Soyinka, de S. A. Zinsou, de Nuruddin Farah voire de la nouvelle génération, celle de Kangni Alem qui ne se résigne pas forcément à un avenir dans la diaspora ; leurs noms ne sont pas assez cités : pourtant c'est leur exemple qui ouvre les voies d'un avenir fait de courage et de lucidité, mais aussi de « confiance, d'optimisme et de solidarité », comme le recommandait le patron de Rimbaud, Alfred Bardey, dans une formule qui m'est chère.

Les textes présentés ici ont été écrits au cours des trois dernières décennies. Plus de la moitié des textes sont inédits ou ont été écrits pour ce volume. Tous les textes anciens ont été repris et mis à jour. J'ai voulu commencer par une réflexion sur le voyage en Afrique et illustrer cette dernière de rencontres qui m'ont beaucoup appris. En somme, des lieux et des gens, je vais aux textes. J'ai eu la bonne fortune de rencontrer les auteurs dont je traite au cours de mes voyages. Le voyage est lieu de rencontres. La grande œuvre dialogue avec les autres œuvres, avec le monde, elle nous incite à dialoguer mais aussi à intervenir : telle est l'œuvre de Wole Soyinka qui me guide. Le monde silencieux du Rwanda était celui de l'absence de traduction, de l'absence de dialogue. Il nous faut un relève goût de la poésie analogue à celui des pommes de terre, *Indyohesha Birayi* du poème d'Alexis Kagame, traduit en français et publié dans les Classiques africains en 2004. Au Rwanda, c'est le cochon qui joue ce rôle dans la sauce !

Note d'édition

Certains de ces textes ont paru sous une forme ou un titre différents dans les publications dont les noms sont indiqués.

– « Les Wazobiens, les Bendélites et les autres », Politique africaine, 1988

– « France, mère des Arts, des armes et des lois », Politique africaine, 1989

– « L'interprète de Mafeking », Politique africaine, 1994

– « Zanzibar », Le monde, 1990

– « Le blanc des cartes », *Le Monde de l'éducation*, 1997

– « Le fil renoué de l'africanisme allemand », Littératures et sociétés africaines, édité par Papa Samba Diop et H.J. Lusebrink, Gunther Narr, 2001

– « Le directeur a voyagé », Le sujet de l'écriture africaine, D. Delas et P. Soubias, éditeurs, Université de Toulouse Le Mirail, 2001

– « Génération Eyadema », Le champ littéraire togolais, Université de Bayreuth, 1991

– « Penser le Rwanda », le Passant ordinaire, 1999

– « Au Tchad sous les étoiles », Africultures, 2004

– « Wole Soyinka, Prix Nobel » reprend une partie de mon essai Wole Soyinka ou l'ambition démocratique, Silex, Nouvelles éditions africaines, Paris-Lomé, 1988.

1
LE BLANC DES CARTES

Quel voyageur survolant l'Afrique pourrait imaginer que les « notions éparses de la cartologie africaine » (Jules Verne, Cinq semaines en ballon*) ont attendu la fin du siècle dernier pour être rassemblées de manière à peu près cohérente ? Tombeau de l'homme blanc, la côte africaine infestée de paludisme, décourageait les tentatives de pénétration vers l'intérieur : l'efficacité préventive de la quinine n'a été démontrée qu'en 1854, et il fallut encore attendre un demi-siècle pour que le moustique soit identifié comme vecteur du paludisme... Aujourd'hui, les cartes existent, mais la rencontre demeure difficile, empêtrée dans les mythes...*

Parmi les anniversaires célébrés en 2004, celui du séjour à Tombouctou, il y a un siècle et demi, d'Heinrich Barth est passé inaperçu dans notre pays. C'est bien dommage car Heinrich Barth est le fondateur de l'étude moderne de l'Afrique, une référence fondamentale en matière d'histoire, de philologie et d'ethnologie de l'Afrique au XIXe siècle. Il était docteur de l'université de Berlin avec une thèse en latin sur le commerce de Corinthe, soutenue en 1844. Dans cette même université, Hegel avait affirmé peu de temps auparavant que l'Afrique était en dehors de l'Histoire. Barth réfuta le philosophe, d'abord avec ses pieds, parcourant plus de 15000 kms, et vérifiant ainsi la théorie de son maître Carl Ritter qui enseignait que « l'ordonnance de l'espace elle-même est historique » (Espagne, 2004), puis écrivant en peu d'années plus de 6000 pages en allemand et en anglais. Ses maîtres étaient les frères Humboldt : Alexandre, le géographe voyageur qui donna un tableau de l'Amérique du sud et Guillaume, qui « découvrit » la langue basque et fonda l'université de Berlin. Barth retint la leçon humboldtienne : il ne séparait pas le texte du terrain ; la géographie et la philologie le guidèrent, mais elles n'auraient pas suffi à lui valoir le respect des Tombouctiens, qui le laissèrent séjourner dans leur ville plus de huit mois, sans qu'il se cache. Intelligence et générosité se mêlaient chez lui, et cette attitude a sa propre fécondité.

« S'il me fallait construire le type idéal du voyageur africain, j'aurais besoin d'un demi-douzaine d'éléments. Barth les possédait tous, moins un. Il était doté d'un esprit aussi curieux qu'agile ; il n'hésitait pas à montrer son amitié spontanée pour les gens qu'il rencontrait. Il était généreux, qualité hautement appréciée chez les Haoussa. Par-dessus tout il était doté d'une grande capacité d'adaptation, toujours prêt à se passer de l'étalon culturel de l'ethnocentrisme européen. Le seul ingrédient de base du service africain qui lui faisait défaut était le sens de l'humour, bien que son journal laisse parfois entrevoir le

désir sympathique de raconter une histoire dans laquelle il n'a pas le beau rôle... » (Kirk Greene, 1970).

J'ai lu ces quelques lignes, devant les notables et les lettrés de la ville assemblés en l'honneur de Barth, le vendredi 3 décembre 2004, et elles ont recueilli leur assentiment. L'arrière petit-neveu de Barth était présent et tint à se faire photographier en compagnie de l'arrière petit-fils du protecteur de son ancêtre. L'ambassade d'Allemagne et l'université de Francfort avaient bien fait les choses. La maison Heinrich Barth a été rénovée, la Grande Mosquée est remise en état, Tombouctou est inscrite dans la liste du patrimoine de l'humanité...

Tout au long de son voyage sur les traces de Caillé, Barth note la justesse des observations de son prédécesseur. Mais il ne se contenta pas de Tombouctou : en six années de voyage, de 1849 à 1855, il compila six dictionnaires, accomplit une campagne avec un Emir, reconnut le lac Tchad et le cours de la Bénoué, et pour couronner le tout écrivit cinq volumes, illustrés de superbes cartes et publiés un an après son retour ! Barth est toujours resté courtois, ferme : il savait être patient. Il s'est fait apprécier de ses compagnons africains et de ses serviteurs ; il était sensible au charme du beau sexe, mais ne voyageait pas avec un « harem », comme celui que Livingstone, figure emblématique du voyageur, qualifiait de « répugnant » : Richard Burton, fantasque et érudit qui crut que le Nil sortait du lac Tanganyika... Barth estimait autant les Arabes que les Haoussa ou les Mandingues et ne considérait pas que les cultures noires africaines étaient inférieures à la culture arabe, préjugé absurde qui empoisonne une bonne partie des récits des voyageurs, et en particulier ceux de Burton... Barth croyait que c'est en parlant, et autant que possible dans leur langue, que l'échange avec les Africains est possible. Il se refusait aux idées générales, ce mal insidieux qui semble saisir les voyageurs à la descente de l'avion et prépare le terrain au racisme... Son vrai disciple, Georges Schweinfurth, accomplit à pied, vers 1870, ce que Jules Verne avait rêvé de faire en ballon : le franchissement de la ligne de partage des eaux entre Nil et Congo. Allemand de la Baltique, jeune naturaliste, il apparaît, pour son époque, assez dépourvu de préjugés. Savant de terrain et non homme de cabinet, il nous a laissé un beau récit de son voyage dans lequel il apprend les langues et remarque : « Qu'il me soit permis de glisser légèrement sur la religion d'un peuple dont l'idiome ne m'est pas assez familier » (p. 157, vol. 2). Sage précaution... C'est que le voyage en Afrique était plus qu'un exploit physique : la quête de quelques mythes recyclés en idées générales, dès le retour. L'explorateur est un voyageur d'un type particulier : il a un programme, il veut répondre à des questions. Le blanc des cartes fascinait. Mungo Park, un médecin écossais, a montré, en 1798, que le Niger coulait bien vers l'orient : allait-il vers le Nil ? Les frères Lander, modestes roturiers britanniques, en 1830 arrivèrent non sans mal à descendre le fleuve jusqu'à son embouchure dans le Golfe du Bénin... Pourtant ces derniers, qui résolvaient un problème géographique majeur, n'obtinrent que le deuxième prix de la Société de géographie de Paris en 1832. Le premier alla à un certain Douville, un affabulateur, qui racontait un merveilleux voyage dans un pays de cocagne, le centre de l'Afrique... Courir après les mythes était bien plus attrayant que raconter la périlleuse descente du Niger. Et les mythes ne manquent pas : l'Empire du Monomotapa, cet Eldorado africain, a fait partir les voyageurs vers le centre du continent. Carl Mauch, géologue allemand, le premier Européen qui vit les ruines du Grand Zimbabwe, les plus importantes de l'Afrique après les Pyramides, en 1870, pensa avoir trouvé le fameux empire : il en perdit la tête et tomba d'une fenêtre à son retour en Europe. Les mythes laissent parfois une forte gueule de bois... Aujourd'hui encore : notre soif de safari vers la gorge d'Olduvai en plein Serengeti, ou les fauves paisibles du Ngorongoro, n'est-elle pas recherche de notre origine ? Des rêves, de paradis ou de Babylone, nous hantent comme ils habitaient les premiers explorateurs. Un décrassage mental est de rigueur avant le départ. L'étude est le grand moyen de ce nettoyage, mais peu de voyageurs ont sacrifié leur précieux temps dans les sciences africanistes, avant de se lancer sur les pistes.

Parmi tous ces voyageurs, les Français n'ont pas vraiment brillé. Jules Verne fera de son aérostier de *Cinq semaines en ballon* un Anglais. René Caillié pénétra dans Tombouctou, la ville de ses rêves, assoupie non loin du Niger. Il voyageait déguisé. Le chemin se transforme en comédie, qui risque à chaque instant de mal tourner. L'imposture corrode le regard, et empêche la rencontre : or se déguiser n'est pas la seule des impostures possibles... A quoi bon voyager en effet si ce n'est pour rencontrer les autres, partager leurs demeures, leurs plats... Art délicat, voire impossible, si l'on a peur, ou si l'on fait peur, par exemple à la tête d'une troupe de 600 porteurs, comme le conquistador Stanley, avant-garde d'une exploration conquérante, qui n'a plus rien à voir avec les voyages qui nous concernent.

La riche héritière Alexandrine Tinné, première femme à figurer dans la galerie des voyageurs africains, commit l'erreur de mener trop grand train : elle fut assassinée à 34 ans en 1869 dans le Fezzan. Elle n'a pas rédigé de souvenirs et elle était hollandaise, ce qui fait qu'on l'a trop oubliée chez nous. Elle a laissé des lettres avec ses observations d'une cruelle justesse : « S'il y a des gens encore plus bizarres que les sauvages de ce pays (elle était au Sud Soudan), ce sont bien les Européens et les commerçants qui vivent ici. Une fois sur le Nil, ceux-ci se considèrent en dessus de toute loi divine ou humaine. Ils pillent ; ils tuent et n'en font qu'à leur bon plaisir »...

D'un continent dont les réalités géographiques demeurèrent si longtemps obscures, il était difficile de ne pas sortir des mythes et des théories extravagantes. Le centre de l'Afrique, domaine des mystérieux – et cannibales – Nyam Nyam de Jules Verne, les Azande, était censé être peuplé d'hommes à queue. La diffusion de l'évolutionnisme et d'une conception plus « positive » de la recherche ne dissipa en rien les théories racistes sur l'Afrique. La connaissance des réalités géographiques puis humaines accompagna le développement du colonialisme et la mainmise européenne sur l'Afrique ; en même temps s'élaborait tout un complexe système de dévalorisation des productions africaines, dont seul l'art plastique fut sauvé par quelques originaux au début du XXe. Le succès même des créations plastiques de l'Afrique noire conduit en fait à se poser à nouveau la question de la création graphique : le continent qui contient le plus de peintures rupestres, dont les créations plastiques sont reconnues, a ignoré l'écriture alphabétique. Il n'a pas ignoré l'écriture idéographique, celle des hiéroglyphes. Les productions égyptiennes se sont diffusées au-delà de la Basse vallée du Nil : la culture de Meroé est encore une énigme. L'écriture déchiffrée ne donne pas la clé d'une langue encore difficilement compréhensible malgré des avancées remarquables (Rilly, 2002). De même de nombreuses énigmes archéologiques demeurent qui témoignent de créations plastiques, sans laisser de documents écrits pour en témoigner : *Igbo Uchkwu* dans l'Est du Nigéria ou dans une autre région, le grand Zimbabwe. Les cultures du masque ont élaboré de complexes systèmes de signes qui conservent une information de type religieux ou généalogique, mais ne se prêtent pas à la manipulation technique ou à un usage purement fonctionnel. Tout au long des siècles, depuis la culture d'Axum, les syllabaires guèzes ont accompagné la culture religieuse éthiopienne et, plus récemment, dans les régions en contact avec l'Islam des esprits féconds ont inventé des systèmes graphiques qui relèvent plus de la création plastique que de la conservation et de la diffusion de l'information, les deux fonctions essentielles de l'écriture alphabétique. La dernière de ses inventions africaines de l'écriture est celle de Njoya, sultan de Foubam au Cameroun qui imagina au début de ce siècle une écriture, mit par écrit l'histoire de son royaume. Tout ceci fut détruit par l'arrivée de la colonisation française et ne servit jamais à d'autres qu'à son inventeur. Les littératures et les arts du verbe pâtirent longtemps de l'incompréhension des problèmes linguistiques, inséparable de l'ignorance des réalités africaines, que l'on ne peut résumer sous le vocable commode et trompeur de civilisation de l'oralité, dans un continent très largement musulman et chrétien.

Le nationalisme linguistique ne vaut que par les vocations d'écrivains qu'il suscite ou qu'il ranime. Il ne sert à rien de voter des lois sur les langues officielles si personne n'écrit ces langues. La reconnaissance du bilinguisme acquise paisiblement et efficacement, « l'anglais est le kiswahili du monde » a même dit Nyerere et cela vaut sans doute aussi un peu pour le français, ne saurait effacer tout ce qui se dit ailleurs et autrement. L'exemple de l'Europe multilingue, mais riche, est ici utile à l'Afrique. Il ne sert à rien de poser au défenseur des cultures de l'Afrique si c'est pour abandonner ses langues. Wole Soyinka écrit en anglais sans complexe et s'en félicite ; mais il a aussi traduit du yoruba et composé de nombreuses chansons en yorouba. La diversité culturelle, célébrée par tous, n'a de sens que si elle s'accompagne de la diversité linguistique et ce constat vaut aussi pour l'Afrique.

Les piétons conviviaux, les amateurs de taxibrousse et de franchissements pédestres de frontières aléatoires, les lecteurs perplexes de carte Michelin qui se demandent si le bac est une pirogue ou une barge, tous ceux qui s'arment de patience et d'humour pour partager un peu des difficultés et des beautés quotidiennes de l'Afrique ont des ancêtres chez nous : les Thomas Arbousset et Eugène Casalis, partis évangéliser les Bassoutos en Afrique australe en 1830. Ils étaient jeunes et savants. Dès 1835 ils savaient la langue et ils nous ont laissé des descriptions du Lesotho, de ses habitants, de leurs échanges humoristiques avec les vachers, sans égaux dans la littérature de voyage. Sous la pluie un vieux Zoulou rencontré dans une caverne se moque de l'aspect des voyageurs : « Salut voyageurs nous dit-il ! Salut vieillard lui répondîmes-nous. Ensuite le brave homme se mit à rire de nous voir si mouillés... » (*Excursion missionnaire*, Arbousset, 1840) Une longue discussion, prise sur le vif, s'engage alors sur la culture zouloue. Ailleurs c'est un « natif » qui crie du haut de son village situé vers le sommet d'une montagne : « Holà Blanc, ne veux-tu pas me donner une de tes vaches ? ». « Je suis monté – écrit Arbousset – et je lui ai demandé en riant si c'était la coutume des Béchuanas de faire présent de leur bétail aux gens... » (*Journal des Missions Evangéliques*, 2 janvier 1838). Certes, ils étaient missionnaires, mais encore aujourd'hui en Afrique le voyageur européen est toujours missionnaire : de la Bible (parfois), plus souvent du moteur à explosion, ou des lunettes de soleil.

Sans l'énoncer clairement Thomas Arbousset et Eugène Casalis appliquaient la formule d'Alfred Bardey, explorateur commercial et voyageur de la fin du XIXe siècle. C'était un jeune homme intrépide, clairvoyant, large d'esprit : il engagea un certain Arthur Rimbaud pour le représenter à Harrar. Il trouvait son employé un peu « bizarre » mais appréciait son énergie. Alfred, au soir de sa vie, nous a laissé la formule qu'il appliquait à ses voyages :

« Une des nombreuses questions qui m'ont souvent été posées était : Comment doit-on se comporter avec les indigènes en pays peu ou pas connu ? Les pays, les gens, les situations, etc, sont trop divers pour donner une formule servant à tout et à tous, mais je puis dire celle que j'ai employée, par tempérament peut-être, et qui peut s'inscrire suivant la mode nouvelle : C.O.S. – Confiance, Optimisme, Solidarité. J'ai presque toujours rencontré la réciprocité, ce qui n'a pas exclu la fermeté, quand le contraire s'est produit. Salam Aleikoum. » (Bardey).

J'ai essayé de suivre son exemple.

Tête de femme yorouba par Lamidi Fakeye.

2
Ibadan, février 1971

En quelque sorte un voyage initiatique. Georges Balandier note que sa première visite à Ibadan le mit dans un « état de jubilation » (Histoire d'autres, *p. 79*)*. Ce fut aussi le cas pour moi et je cherche encore à comprendre ce qui s'est passé. Naguère, dans les années soixante-dix arriver à Ibadan c'était arriver dans une « vieille ville » africaine, dans une authentique culture urbaine ! La langue était sur les enseignes : elle s'écrivait depuis un siècle, les masques dansaient dans la rue, l'indigo colorait la peau des femmes. Cette Afrique faisait du différent à partir de l'ancien : langues, couleur, tissus, costumes, nourritures : les Yoruba avaient leur style à eux, et en grand ! La peur que continue à susciter leurs villes, Ibadan, mais aussi Lagos, faisait partie de leur charme !*

Ibadan est une vieille ville. Les rues y sont tortueuses, les maisons de boue séchée recouvertes de tôle s'alignent comme des cottages anglais. Cette ville est un univers. Elle a depuis des siècles repoussé la forêt. Il faut deux heures pour en faire le tour par la rocade et deux fois plus pour la traverser.

Le désordre qui règne au centre est étonnant. Les ruelles anciennes n'ont pas été tracées pour les véhicules ; elles serpentent au flanc des collines. Ibadan est bâti sur sept collines : comme Rome, ajoutent les Nigérians lettrés. Seule la plume de Pétrone aurait pu décrire le marché d'Ibadan. Les brebis des pasteurs peuls divaguaient au milieu des entassements de ferblanterie chinoise, eux-mêmes cernés par les plastiques nigérians, ces merveilleux sous-produits colorés du pétrole qui faisaient la richesse du pays. Les éventaires se regroupaient suivant les objets : ils étaient le royaume des femmes. Assises sur des tabourets, enroulées dans des tissus indigos, elles offraient sous leur coiffe nouée des yeux sombres, cernés de charbon qui brillaient au milieu de leur visage luisant, souvent strié des scarifications de leur lignage. Elles avaient les yeux en amande et le nez retroussé ; certaines paraissaient taillés par le ciseau du sculpteur avec leurs yeux protubérants, leurs pommettes saillantes ; quand elles se levaient, le pagne qui leur ceignait les reins leur donnait cette cambrure des statues en ronde bosse que l'on retrouvait dans les postures de la danse. Elles interpellaient le chaland de leurs voix étonnamment basses et puissantes, dans une langue aux inflexions onduleuses, aux sonorités colorées. J'aimais cette avalanche de voyelles ouvertes parmi lesquelles je saisissais de-ci de-là des phrases appelant leur petit mari blanc à faire ses emplettes.

Manger, mais manger dehors, était aussi la grande activité : beignets de pâte de haricots, onctueux, un rien piquants, plantains croustillants, ragoût d'antilope avec soupe de potiron, sauce d'épinards, tout cela arrosé d'une bière, qui réussissait mystérieusement à apparaître fraîche, sortie d'on ne savait quel frigo dissimulé dans les baraques alentour, alors que la sauce venait d'allumer son incendie dans le palais. Les cuisinières plongeaient leur louche dans des bassines qui reposaient sur des trépieds installés sur des charbons ardents. A toute heure du jour et de la nuit, il était possible de manger.

Partout de la publicité, des lettres ornées de points et de signes bizarres. Ici tout le monde écrit, tout le monde compte.

La vieille ville coloniale a été engloutie par le métropole moderne qui s'est bâtie comme un gros village africain. Un seul gratte-ciel contemple le spectacle du marché : c'est la maison du cacao bâtie avec les ressources des planteurs. Toutes les rues aboutissent à ce minuscule centre de la ville ; tous les taxis, tous les bus y convergent et alimentent une noria étourdissante qui encercle les vieux ronds-points assoupis, au milieu desquels subsiste parfois quelque vestige végétal de l'ère révolue des colonisateurs jardiniers. Ici, il y a eu un effort botanique. Les mini-bus tournoient, vomissant de leurs flancs des racoleurs gesticulant qui hurlent les noms des quartiers. Rien n'est écrit. Je cherche l'Université. C'est vers *you-aye, U-I,* que je dois me diriger. J'aurais pu m'apercevoir que ces mini-bus étaient pris d'assaut par les étudiants. Tarif unique, quelle que soit la distance. Tout au long du trajet des commerçantes montent et descendent ; elles amènent d'énormes ballots, auxquels nous devons faire place.

Nous remontons une grande avenue, dont je découvrirai plus tard qu'elle est la route du Nord. Nous croisons les immenses semi-remorques qui amènent à la ville les moutons. Comment ces bergers mécaniciens réussissent-ils à entasser autant de bêtes sur le plateau d'une remorque ? Les troupeaux ont depuis longtemps cessé de descendre à pied des pâturages sahéliens vers les abattoirs du Sud. Les pasteurs juchés au sommet des cabines des camions Mercedes semblent exciter les chauffeurs qui s'en donnent à coeur joie. Nous dépassons un camion renversé ; tout le bétail s'est égayé dans les ruelles alentours. Quelle corrida ! Jamais je n'aurais cru que les moutons pouvaient courir aussi vite !

Ce pays a la manie des ronds points. Face au campanile de l'Université, qui donne un air méditerranéen à ce parc tropical, la noria des minibus jaunes déverse les étudiants venus de la ville et engloutit les amateurs de virée urbaine. La tour est le symbole du campus. L'Administration est là ; sur le parvis donnent le théâtre, la librairie, et les résidences universitaires. Le tout est étonnamment bien adapté au climat. Des briques ajourées laissent les faibles brises traverser les bâtiments ; de larges balcons ouvrent sur des salles de séjour pris dans des cadres de fine résille censée barrer la route aux insectes. Des bougainvillées poussent devant le théâtre. Transplanté sous l'équateur le collège médiéval a perdu son austérité. Cet Oxford luxuriant invite à la flânerie. A la porterie je demande l'adresse du collègue indien dont Larry m'a parlé. Il dispose d'un appartement qui compte deux chambres et Larry m'a assuré de son accord.

Il habite derrière la résidence universitaire qui donne sur le parvis, dans le bloc réservé aux enseignants célibataires. Des flamboyants ornent les façades. Après le vacarme de la ville, la cohue du marché, la frénésie du bus, je ne remarque pas immédiatement que je suis, en fait, au calme. Dès que je m'éloigne du rond point, les pépiements des tisserins, les pas des étudiants sur les dalles et quelques accords de piano, étranges en ce lieu, sont les seuls bruits qui me tiennent compagnie.

La nuit est plus fraîche qu'à Lomé. La moiteur de l'océan a disparu. Inutile de climatiser. Tous les bruits du campus arrivent au balcon sur lequel je m'installe, derrière la résille. Comment les criquets africains arrivent-ils à faire un tel bruit ? Ils couvrent les rugissements du lion qui à quelques centaines de mètres s'ébroue dans la cage du zoo de l'Université. Première nuit nigériane, bercée de lions : délicieux exotisme.

Les étudiants, silencieux pendant la journée, sont beaucoup plus présents. L'appartement de Kanti jouxte une résidence universitaire. Comme ce soir – par chance ! – il y a de l'électricité, les chambres allumées déversent des flots de musique. Cette nuit là j'entendrai pour la première fois Fela.

Le vacarme ne cessa pas de la nuit. Dans la matinée le campus présentait un aspect étrange. La plupart des étudiants allaient au cours, sans que rien ne paraisse changé dans leur démarche. Des groupes pourtant se formaient et se dirigeaient vers la tour du clocher. Les deux mouvements ne se rencontraient pas encore ; ils coexistaient.

« Enfin, ils se fâchent », me dit Kanti. « Ils en ont assez de bouffer de la merde dans leur cafétéria. » Il m'explique alors que depuis des mois la résidence voisine était sporadiquement agitée. Des tracts avaient circulé. La cantinière y était accusée de détourner l'argent de l'intendance. Malgré ces allégations aucune enquête n'avait été menée et d'autres tracts attribuaient cette inertie au fait que ladite cantinière était la maîtresse du secrétaire général de l'Université. « Toujours des ignames durs, une pâte immangeable. Ils ont raison de se fâcher. Mais il leur faut faire attention : l'armée n'aime pas le désordre. »

Le cours normal des conversations, les trajets des promeneurs menaient maintenant au bâtiment de l'administration devant lequel les groupes isolés de la matinée étaient devenus une foule compacte. Le parvis était bondé. Des cris jaillissaient de la foule, du côté de ceux qui étaient les plus proches de l'administration. Les cris ne déclenchaient rien. La foule n'était pas excitée ; elle était là devant l'administration, placide. Rien à voir avec nos manifs tendues. La foule attendait et moi avec elle.

Soudain, là-bas, contre les portes du bâtiment de l'administration des cris fusent ; quelques étudiants essaient d'y pénétrer. Une violente bagarre se déclenche, mais elle ne fait pas tâche d'huile. De petits groupes courent vers les guérites des vigiles du campus : ils brandissent des manchons enflammés, d'autres font rouler devant eux de vieux pneus. Une immense flamme s'élève : la guérite de l'entrée brûle. La foule ne semble pas s'émouvoir pour si peu. Les quelques exaltés qui mènent la danse répandent des pneus en travers de la route, les arrosent d'essence. Une acre fumée noire monte alors de la chaussée, déployant les étranges volutes de quelque gigantesque télégraphe. La foule avance vers le barrage, sans la moindre nervosité. Nous ne voyons pas la route, masquée par la fumée épaisse qui monte de la barricade pneumatique. Nous avançons sans voir.

C'est à ce moment que retentit un claquement sec, puis un autre, puis un autre... La foule s'est arrêtée, comme suspendue à l'écoute. Puis soudain des cris, des hurlements. « Sauve qui peut ! Ils tirent ! » En un instant les étudiants tranquilles se sont éparpillés, fous de terreur. La guerre civile vient de s'achever et beaucoup d'entre eux savent ce que veut dire un claquement sec dans l'air du matin.

Le campus descendait en pente douce vers les résidences universitaires. Tout le chemin fait la veille, cette promenade silencieuse, je le refaisais en galopant : moi aussi soudain fou de peur. Les claquements continuaient, semblaient se rapprocher et je n'avais qu'une idée, revenir chez Kanti, me mettre à l'abri dans son appartement. Laissant les étudiants s'engouffrer sous le porche de leur résidence, je contournais le bâtiment, gravis quatre à quatre les escaliers. La porte était ouverte, l'appartement vide. Je la repoussais et m'allongeait par terre quand Kanti fit irruption : il était sorti dès qu'il avait entendu le premier claquement pour vérifier si les portes de la cité des étudiants étaient ouvertes. Il avait déjà vécu ce genre de situation. « Laisse les fenêtres ouvertes » me dit-il. « S'ils tirent vers nous, les balles traverseront mais nous ne serons pas blessés par des éclats de verre. »

Lomé.

3
Passage de frontiere

En 1985 j'ai organisé une conférence linguistique à Lomé. Parmi nos invités figuraient de nombreux nigérians et notamment Ola Yai, à l'époque professeur de yorouba à l'Université d'Ifé et sans doute le meilleur spécialiste de la poétique yorouba, le vrai héritier de Pierre Verger. Ola était prêt à venir, bien que la frontière fût fermée. Mon budget prévoyait une mission pour un éminent universitaire nigérian, mais ne disait pas que le moyen de transport choisi serait le porte bagage d'une moto-taxi qui emprunterait les pistes forestières des contrebandiers. J'eus beaucoup de mal à faire admettre au comptable de notre institut qu'au Nigéria l'on pouvait être professeur d'université et voyager sur un porte-bagage !

La frontière était ouverte, c'était le moment ! D'abord le visa. L'affaire n'était jamais simple. J'avais heureusement tout prévu, ayant conservé de la visite d'un collègue du papier à en-tête de l'Université d'Ibadan dûment tamponné. Il me suffisait de m'adresser à moi-même une lettre d'invitation, en prenant bien soin de l'antidater et de tenir compte en particulier des délais postaux – une lettre arrivée en moins de trente jours eût parue éminemment suspecte. Pour faire bonne mesure je me donnais trois mois de battement entre la lettre et ma demande de visa. Ce genre d'invitation hautement « personnalisée » faisait merveille. En deux jours j'avais un visa. Je décidais d'oublier de demander une autorisation d'absence à l'institut. La réputation sinistre du Nigéria faisait que jamais les chercheurs de l'institut ne s'y aventuraient. En conséquence une demande de mission pour ce pays risquait d'être rejetée, et je n'avais pas envie de trop mêler l'institut à cette étape de mon projet.

Le visa n'était que la partie officielle du viatique paperassier dont devait se munir le futur visiteur. A vrai dire le tourisme n'était pas une activité qui figurait positivement dans la balance des paiements nigériane. Qui aurait souhaité se plonger dans la dédale bureaucratique qui accueillait l'étranger ? J'irai en taxi-brousse, cela m'épargnerait les divers certificats d'assurance et de réassurance dont tout conducteur devait être muni. Il me fallait veiller sur ma santé : toute une série de vaccins était exigée du voyageur européen, y compris certains qui n'étaient plus pratiqués, comme la vaccination antivariolique. Je décidais de prendre le devant et de pourvoir à tous les cas possibles. Armé de tampons de l'institut, je bariolais mon carnet de santé de toutes sortes d'inscriptions destinées à faire reculer le plus concussionnaire des fonctionnaires.

En fait, et je le savais, il s'agissait en partie d'un jeu. Le candidat à l'entrée ne devait pas donner prise aux tentatives d'extorsion de fonds dont il savait qu'il serait victime. Toute case vide d'un document officiel était une faiblesse dans son dispositif de défense et les douaniers nigérians essayeraient d'utiliser cet avantage. C'était bien d'un avantage qu'il s'agissait : toute pièce non exigible à en croire les documents remis au consulat, pouvait devenir indispensable à la frontière. Le choix était alors ou de payer – avec la manière – ce qui n'était pas simple, ou de rebrousser chemin. Des passeports et des carnets de santé constellés d'inscriptions, bardés de cachets en imposaient au représentant de l'ordre nigérian – étrange oxymore ! Je m'appliquais donc à un verrouillage de mes dispositifs de défense.

Le poste frontière était à deux heures de route de la capitale. L'autoroute interafricaine reliait les deux pays. Des bâtiments fonctionnels et modernes hérissés de drapeaux abriteraient sans doute un jour les douaniers. Pour l'instant les véhicules devaient quitter l'autoroute, emprunter un chemin de terre pour gagner les baraques du poste-frontière. Les intermittences de la diplomatie avaient de nouveau autorisé le passage entre les deux pays, mais n'avaient pas encore permis l'inauguration des superbes immeubles climatisés qui trônaient sur l'autoroute. Il fallait bricoler. Les taxis-brousse débarquaient leurs passagers d'un côté de la frontière ; de l'autre côté, les chauffeurs marchandaient dur. Une des difficultés de ce passage tenait à l'impossibilité de changer de l'argent. Il était interdit d'importer plus de vingt nairas au Nigéria et le moindre passage coûtait plus du double. Or le marché noir allait bon train à Lomé.

J'avais mes fournisseurs attitrés. Assis le long des ruelles commerçantes, les changeurs nigérians de Lomé, tous yorouba, sortaient des briques de nairas des poches de leurs boubous. J'avais lié connaissance avec ceux qui tenaient boutique sur le trottoir face à la cathédrale. Je les saluais dans leur langue et ils acceptaient mes chèques. Pourtant je leur donnais des chèques écrits sur le compte d'un collègue et je ne leur montrais pas mon véhicule. Bien que je leur demandasse des nouvelles de leur famille, de leurs femmes, de leurs enfants, de leur village, je n'étais pas encore tout à fait sûr qu'ils ne me dénonceraient pas à la frontière... Je ne savais pas encore si ma clientèle était plus avantageuse que la prime qui leur serait remise.

Le change parallèle était avantageux : quatre fois plus de nairas qu'au change officiel. Cela rendait un voyage très bon marché. Il subsistait cependant un problème : que faire des coupures que j'avais acquises ? Leur importation était illégale, je risquais le prison si elles étaient trouvées en ma possession. Or j'en aurais besoin dès la frontière franchie. En prévision de ce passage, j'avais enfilé une ceinture-portefeuille, préalablement rembourrée d'une quantité imposante de nairas.

« Votre passeport ? Votre visa ? » me demanda la policière en jupette et à chignon. « Où résidez-vous ? Permis de séjour ? »

« Je n'en ai pas. »

« Comment pouvez-vous avoir un visa ? Il vous faut un visa décent, délivré en France. »

« Mais je suis résident. »

« Vous n'avez pas de permis. »

Voilà ! J'avais pensé au vaccin anticholérique, antidiphtérique, au BCG, à la fièvre jaune, au permis de conduire national, international et pas au permis de séjour qui prouvait que j'avais droit à un visa. Absurde, puisque c'était à l'Ambassade à ne pas me délivrer de visa, si je n'étais pas résident. La policière en jupette me renvoyait à la case départ. Qu'y pouvais-je ? Si je m'énervais, si j'invoquais l'autorité du Consul, de l'Ambassadeur, le fait que ces gens là savaient ce qu'ils faisaient en me donnant un visa, elle me renverrait à eux, c'est-à-dire à deux cents kilomètres, me faisant perdre deux jours. Sa mauvaise humeur était trop butée pour ne pas être en partie feinte. Il me fallait parlementer, l'amadouer, lui faire un petit cadeau. Comment m'y prendre pour ne pas la froisser et ne pas aggraver mon cas ? Un visa « indécent » plus une tentative de corruption de fonctionnaire, cela aurait fait beaucoup !

Son collègue, apparemment très occupé par la fouille d'un énorme ballot de tissus nous observait du coin de l'œil. Vieille habitude ! Un Blanc en difficulté, cela pouvait être juteux. Ma cerbère était inflexible. Elle ne me prêtait plus attention : elle s'était absorbée dans la lecture des documents que lui présentaient les autres voyageurs. Je me hasardais à troubler l'intense intérêt qu'elle portait aux fiches d'immigration. « Croyez-vous que votre collègue pourrait m'aider ? » Elle leva un œil curieusement inexpressif mais où affleurait une nuance d'intérêt. Enfin, il commence à comprendre, semblait-elle penser.

« Peut-être ! Allez lui demander ! » Le duo était bien réglé. Elle interceptait ; il négociait. Je m'avançais vers le collègue qui avait suivi notre brève conversation et en avait délaissé la fouille des ballots de tissus. D'un air rogue, il me demanda ce que je désirais. Je lui expliquais que j'étais étranger venu de loin, que je ne savais pas que j'avais besoin, en plus du visa, du permis de résident, que je venais au Nigéria pour mon travail – toute autre raison aurait paru suspecte : que viendrait visiter un touriste ? – et je ne voulais pas perdre deux jours à revenir dans la capitale du Togo. J'étais sincèrement désolé et ostentatoirement humble. Il fallait plaider, supplier avec déférence ; j'avais appris cela dans mes voyages. Le Blanc qui gueule n'obtient rien ; j'avais vu des fonctionnaires dormir sous un panneau qui indiquait que leur bureau était ouvert qui, réveillés, refusaient de délivrer la pièce qu'ils étaient censés fournir et je m'étais emporté... Mal m'en avait pris. J'avais dû revenir le lendemain et une petite heure de conversation amicale, assortie d'un cadeau qui pouvait n'être qu'un stylo-bille, avait fait entendre raison à ces guichetiers récalcitrants, hargneux quand on les réveillait, trop contents de voir leur résistance rencontrer une arrogance qui soudain la justifiait. Le Blanc qui gueulait jouait au Blanc et il devait payer pour ça. J'avais compris et avec mon douanier nigérian je choisissais la manière douce. « Croyez-vous que je pourrais arranger ça avec elle en lui faisant un petit cadeau ? »

Ça y est, c'était dit ! Avec euphémisme certes, mais enfin c'était dit. Mon interlocuteur me regardait, muet, un rien narquois. J'était pris au piège car je n'avais pas le droit d'importer plus de vingt nairas et il me les fallait pour mon taxi. Lui en offrir dix, c'était me mettre en position difficile du strict point de vue légal, c'est-à-dire du seul point de vue qui n'avait pas cours dans cette enceinte.

« Je n'ai pas beaucoup d'argent ; je suis étudiant. Croyez-vous qu'elle accepterait cinq nairas ? »

Il me regarda, haussa les épaules et revint vers les ballots. J'avais bien commencé, mais une offre trop faible avait tout gâché. Pourtant une offre plus forte me dénonçait comme trafiquant de devises : je n'avais pas emporté de francs CFA. Absorbé par les ballots de tissus, compère le douanier avait apparemment cessé de s'intéresser à moi. Il me fallait faire une nouvelle offre, importante, qui préservait néanmoins la fiction qui voulait que je n'importe pas plus de vingt nairas. Il leur aurait suffi de me fouiller, mais ils ne fouillaient personne. Tout le monde trafiquait et moi, je mégotais pour quelques nairas !

« Ecoutez, il me faut garder de quoi payer le taxi. Je peux lui donner quinze ? »

C'était mieux, beaucoup mieux. Pensez ! En quelques secondes de silence il avait réussi à me faire tripler l'offre. Silence toujours. « Pouvez-vous aller demander à votre collègue ce qu'elle en pense ? » Sans mot dire, il acquiesça et se dirigea vers la policière en jupette. Bref conciliabule. Regards condescendants. Je savais que c'était gagné. Il revint vers moi et le visage fermé me demanda mon passeport. Je savais que les coupures de nairas ne devaient pas circuler à découvert et pendant leur brève concertation, j'avais eu le temps de glisser la prime dans les feuillets du passeport. Je le lui tendis, il revint vers la gardienne de la loi. Elle prit le passeport, le feuilleta distraitement et d'un geste rapide, le tamponna.

« C'est tout. Bon voyage, » ajouta-t-elle avec un sourire, le premier depuis notre étrange marchandage.

« Merci, » lui dis-je. Elle n'était pas désagréable avec ses petites tresses, ses chaussettes montantes, sa jupette kaki. Sur le sein gauche elle avait une plaque avec un numéro matricule et son nom. Elle portait un nom de l'est : elle était affectée à l'ouest, à la frontière, c'était un bon poste, très rentable. De quel officier le souriant cerbère était-elle la petite amie ? Elle savait y faire, passant de l'air renfrogné du défenseur incorruptible des frontières sacrées de la nation à la mine souriante de celle à qui son espièglerie a fait réussir un bon tour...

Dans deux heures je serai à Ibadan si tout se passait bien. Une gare routière s'était créée spontanément du côté nigérian de la frontière dans des champs en contre bas de l'autoroute. Il fallait patauger dans la boue et chercher au milieu des breaks 504, des 404 bâchées, celle qui partait tout de suite pour Ibadan. Les rabatteurs hurlaient les destinations, essayaient de vous attirer vers leur voiture. Les aides-chauffeurs arrimaient les bagages sur la galerie. Au Nigéria il y avait des routes, beaucoup de routes : longues, larges, rapides. Les transports interurbains à grande vitesse se faisaient en break Peugeot ; les transports interurbains à petite vitesse dans des mini-bus Toyota. Les mêmes bus se traînaient péniblement sur la route et finissaient souvent encastrés contre des camions au sommet d'une côte dans les routes à deux voies.

Ibadan était une métropole. Plusieurs voitures étaient en partance. Je choisis celle où il y avait le plus de passagers. Aucun horaire, aucune destination n'était affichée. Il fallait attendre que les huit places soient occupées pour partir. Cela prenait parfois des heures. Heureusement la frontière était très fréquentée. Beaucoup de Nigérians travaillaient dans l'est ou plus loin ; les chantiers de travaux publics, les raffineries du

Nigéria continuaient de tourner grâce au pétrole. Passer du Togo au Nigéria, c'était changer d'échelle, aller de Mont-de-Marsan à New York : d'un pays faiblement peuplé refermé sur lui-même au pays le plus peuplé d'Afrique, au pays aussi qui avait abrité quelques-unes des plus grandes civilisations du continent.

L'expérience du voyage interafricain, transversal, le long de la côte, ou d'ouest en est, est rarement présente dans la littérature alors qu'elle forme la trame d'une œuvre cinématographique essentielle, celle de Jean Rouch, tout entière consacrée à l'étude des migrations des gens du fleuve à la Côte, en particulier dans *Jaguar* (1957). Pour Rouch ces migrations sont des expériences centrales, qui ont un caractère épique, mais il est le seul à en traiter dans des œuvres artistiques. Or si son œuvre, plus d'un demi-siècle après sa réalisation nous frappe par son actualité, par sa prise en compte de la modernité africaine, c'est justement parce qu'elle traite de l'Afrique transversale, de celle qui passe les frontières, qui bouge, qui va du Niger au Togo et à la Gold Coast, qui subvertit les catégories coloniales : son film *Les maîtres fous* (1956) est bien la subversion dérisoire, délirante et déchirante, de ce monde de frontières, de castes, de catégories. Rares ont été les contrebandiers, les « *borders operators* », ces ouvriers des marges qui étaient justement cette sorte d'avant-garde qui a été représentée par Ulli Beier (Benson, 1983).

Le protectionnisme colonial a engendré une idéologie « organique » qui hésite à mettre en cause les frontières. Cette timidité a affecté l'étude des œuvres qui ne s'intéresse que rarement à la comparaison, alors qu'il y a là une abondante matière à réflexion : comparer le Ghana et la Côte d'Ivoire, ou le Sénégal et le Kenya, voilà bien de quoi mieux comprendre l'Afrique contemporaine, mais cela n'est jamais fait dans les études littéraires, alors qu'il s'agit, comme dans le cas du Ghana et de la Côte d'Ivoire, de sociétés très voisines.

La fin du monde colonial n'a pas signifié la disparition du protectionnisme : au contraire ! Le renfermement dans des frontières étroites, la naissance de micro nationalismes ont eu des effets désastreux sur la compréhension des phénomènes culturels trop souvent réduits à leurs dimensions administratives. L'émergence et le succès d'une notion comme celle de littérature nationale est à comprendre en ce sens. Les discussions absurdes sur la nationalité d'un auteur, Félix Couchoro (togolais ou béninois !) alors qu'il était homme de la frontière et de la transversalité montraient les enjeux purement politiques de ces classifications. C'est lui qui dès son premier texte en 1929 se disait romancier du fleuve qui séparait le Togo et le Dahomey et en lequel il voulait voir, maintenant que le « Gaulois se dressait sur les deux rives », un trait d'union (Ricard, 1987). Il avait tort et toute son œuvre sera marquée par les questions de douane, de frontière, de contrebande, dont il avait cru, à l'orée de la la littérature francophone, qu'elles disparaîtraient. Ahmadou Kourouma là aussi était plus lucide en signalant le caractère meurtrier de la frontière :

« Les gardes frontaliers de la République de Nikièma, drapeaux blancs dans les mains vinrent relever Fama qui avait été atteint dans la partie du pont relevant de leur juridiction... » (Kourouma, 1970, p. 202).

Les Soleils des indépendances s'ouvrent sur la frontière comme lieu de la mort et cette intuition est profondément juste. La frontière perdure comme cimetière des ambitions panafricaines ; elle est devenue une ressource, l'un des piliers de l'ordre ou du désordre établi. Ahmadou Kourouma a bien saisi toute l'absurdité de ce monde nouveau. Félix Couchoro, à l'aube de la colonisation et de la littérature francophone était plus optimiste : il voyait dans la frontière, et au fond dans la francophonie, un vecteur d'unité. Il était homme de la frontière, du Mono, mais il avait des illusions...

Le shrine de Fela
(photographie Marc-Antoine Perouse de Montclos, 1989)

4
Requiem pour Lagos ?

A force d'aller à Ibadan, j'ai aussi fini par apprécier Lagos. J'y avais des amis qui s'occupaient de moi et cela aidait. Rem Koolhas a fait de Lagos le prototype de la mégalopole de demain. Wole Soyinka y a situé de nombreuses pièces et notamment son Requiem pour un futurologue. *De fait, c'est bien la question de l'avenir qui se pose dans cette ville.*

Masochiste ou cinglé : tel est pour le romancier Chinua Achebe, le profil psychologique du futur touriste au Nigéria. Il n'a pas tout à fait tort, pourtant le Nigéria change et Lagos en tête. Si elle est encore une ville dangereuse, bien que les taux de criminalité soient des indices fantaisistes dans une ville dont la population est variablement estimée de 5 à 10 millions, elle n'est certainement pas la seule et Abidjan ou Nairobi n'ont rien à lui envier. Par contre elle a bien cessé d'être la ville la plus chère du monde depuis que la naira a pour cours officiel un cours voisin de celui du marché noir : partout fleurissent les « Bureaux de change » (en français sur les enseignes) et le cauchemar du contrôle des devises à l'entrée ou à la sortie de l'aéroport a pris fin. Pour ne pas tenter les bandits circulez en taxi, jaunes comme à New York, et évitez les 505 neuves, qui représentent 5 ans de salaires d'un haut-fonctionnaire !

Près de 2000 Français y résidaient ; le guide qu'ils ont rédigé était le témoignage de leur intérêt pour la ville. Le seul autre ouvrage sur le marché s'intitulait *Survivre à Lagos*, ce qui n'était pas vraiment une invitation au voyage !

Le site est superbe quand on l'aperçoit de l'île d'Ogogoro, sur laquelle une compagnie française a établi une « base-vie », tout droit sortie de l'univers de Bernard-Marie Koltès, face à l'arsenal de la marine, avec une vue magnifique sur la Marina de Lagos, ce front de mer, qui donne en fait sur la lagune et qui explique le développement du port sur l'île qui a donné son nom à la ville. Le réseau lagunaire a bougé au fil des déplacements des bancs de sable qui ont bloqué les alluvions des rivières de l'intérieur, constituant peu à peu ces îles et cette mangrove qui s'étend jusqu'au delta du Niger, et dans laquelle a jailli l'or noir. A l'origine la ville était à l'ouest de l'île, sur la partie la plus proche du continent, mais à distance des farouches royaumes yorouba. L'île Victoria qui commandait l'entrée des passes était abandonnée aux pêcheurs ; c'est là que s'édifie aujourd'hui le nouveau Lagos, plus tourné vers l'océan, protégé de la prolifération urbaine du continent. La ville recouvre aujourd'hui le réseau d'îles et a tendu une toile d'araignée d'autoroutes à travers les lagunes. La plage de la Barre était célèbre naguère pour les exécutions spectaculaires de bandits de grand chemin : le « Bar Beach Show » a pris fin et la plage est longée maintenant d'une rangée de banques qui lui confèrent une nouvelle respectabilité. Les églises africaines y tiennent encore leurs assemblées dominicales, mais peut-être feront-elles les frais de la politique de déguerpissement qui a récemment fait expulser les squatters du bidonville voisin. J'y suis venu pour la première fois à la sortie de la guerre. Le Nigéria roulait encore à gauche, comme en Angleterre, et les embouteillages duraient parfois six heures pour accéder dans l'île. Il y a vingt ans l'inauguration du nouveau pont de Lagos – Eko Bridge – fut l'occasion d'une floraison de chansons et même de coiffure ; les élégantes arboraient une voûte de tresses « à la Eko ». Trois ponts joignent aujourd'hui le continent aux îles, mais le trafic débouche toujours dans le faubourg de Yaba et Surulere, créant les gigantesques embouteillages qui ont contribué à la notoriété de Lagos. Tous attendent avec impatience le nouveau pont qui traversant la lagune permettra de rejoindre directement la principale artère du pays, l'autoroute du Nord, qui va à Ibadan. La parade miracle contre les embouteillages – aux voitures à numéros pairs, la circulation les jours pairs, aux numéros impairs, les autres jours a fait long feu : beaucoup de Lagosiens avaient deux voitures ; peut-être ont-ils deux plaques maintenant !

Malheur à celui ou à celle qui travaille dans les îles et doit rejoindre son logement à Festac Town, voire à Badagry, les banlieues où résident les employés à vingt-cinq kilomètres ; des heures de bus sont nécessaires. La ville s'est en effet étendue au long de la côte en direction du Bénin : le frontière est à quatre-vingts kilomètres et Cotonou n'est qu'à trente-cinq kilomètres de l'autre côté. Aujourd'hui la ville se rapproche de la frontière... Est-il tout à fait utopique d'imaginer dans quelques décennies Cotonou faubourg francophone de Lagos, digéré par cette énorme prolifération urbaine ? Le Festival mondial des Arts Nègres avait son village en 1977, Festac Town : c'est aujourd'hui un ensemble résidentiel ; plus loin s'est bâtie la Foire de Lagos, en face s'est installée une nouvelle université. Il y a trente ans le croisement d'Otta, à mi-chemin du Dahomey était un arrêt pour taxi-brousse pressés ; c'est maintenant un carrefour encombré, au milieu des usines de plastiques qui remontent vers Abéokuta. Le marché d'Ojo à Badagry était le marché aux voleurs : en période de contrôle des changes et de restriction des importations, on y trouvait de tout grâce aux contrebandiers des lagunes : aujourd'hui c'est un marché urbain de plus. En somme soixante kilomètres de front de mer et trente kilomètres d'hinterland : cela fait un petit état, et de fait l'état de Lagos, qui se confond presque avec la ville, est peuplé de plus de quinze millions d'habitants : plus que le Bénin et le Togo réunis !

On comprend qu'une telle mégalopole fasse peur aux voisins : pour les Ewe du Togo elle est, dans les contes, la ville des revenants et beaucoup craignent d'y aller de peur de se trouver face à un spectre de leur connaissance à qui il pourrait prendre fantaisie de vous entraîner à sa suite ! Ville d'émeutes étudiantes : le quartier de Yaba, ce Soho de Lagos, aux portes de l'université et au bord de la lagune s'embrase parfois vers la fin mai : la fumée noire des pneus qui brûlent signale l'éruption ; la ville se bloque et la police, qui n'a pas la maestria de nos CRS pour ce genre d'exercice, tire dans le tas ; chaque année un tel scénario se répète qui commence en monome et vire à l'émeute. Malheur au voyageur, pris dans des embouteillages plus monstrueux qu'à l'ordinaire, qui font la fortune des vendeurs à la sauvette : sur les bretelles et les toboggans d'autoroutes vous pouvez de votre volant acheter sous-vêtements et clés anglaise, pains et ventilateurs. Les années soixante-dix où les voleurs à la tire finissaient dans le caniveau un pneu enflammé au cou sont loin ; la foule ne s'abandonne plus à ce genre d'exercice. Certes la ville est encore dangereuse et en particulier pour les hommes d'Etat ; c'est à Ikoyi, au coin de Bank Street, à un feu rouge où sa Mercedes attendait que le Général Murtala Muhammed a été assassiné en 1976 ; la voiture, criblée de balles, est aujourd'hui, avec les bronzes du Bénin, l'un des ornements du Musée national. C'est aussi à Obalende, tout près du siège du gouvernement, logé de façon quasi ininterrompue depuis 1966 dans les casernes Dodan, et face à la Radio, qu'il y a quelques années des commandants, ont tenté un coup d'état, en s'emparant de la Radio et en attaquant le quartier-général. Les éclats de balle sont visibles sur l'immeuble de la radio, l'aide de camp du Général Babangida est mort, mais le régime a tenu. Il faut être au moins général pour réussir un coup d'état au Nigéria !

L'armée a marqué de son empreinte les îles de Lagos et le quartier d'Ikoyi. Les casernes où siège le gouvernement, et dont l'adresse en régime civil devient One Ribadu Road, occupent une bonne part d'Ikoyi ; les militaires fréquentent aussi le club de polo, le long d'Awolowo Road où les palefreniers promènent les chevaux. Dans le club house la liste des présidents successifs – ouverte par le Major Brigg – trône au dessus du bar en bois ciré ; une plaque nous apprend que le bâtiment a été inauguré par N. Azikiwe, premier et seul Africain à avoir été Gouverneur Général, en 1965. Plus loin c'est le Yorouba Tennis Club, dont l'hymne joué à la guitare par Tunde « Nightingale » était un tube des années soixante ; puis c'est Ikoyi Club. Depuis le temps que l'armée est au pouvoir elle a pu investir les quartiers chics. C'est le général Gowon, le vainqueur de la guerre civile qui a fait édifier Tafewa Balewa Square. Là où un véritable square offrait aux Lagosiens un lieu de promenade ombragé, au centre de la ville s'élève aujourd'hui une sorte d'immense amphithéâtre, réservé aux défilés militaires, sur lequel des dizaines de chars peuvent manœuvrer à l'aise. Le résultat est hideux ; des tribunes émergent des chevaux géants censés conférer de la majesté à cet énorme forum, à côté duquel tous les bâtiments du centre historique de Lagos ont l'air minuscule. Kings College, le lycée de l'élite est derrière, le merveilleux petit musée rempli des trésors de 1000 ans d'art nigérian et l'Assemblée, rectangulaire comme le Parlement britannique, sont tout contre ; un peu plus loin est J.K. Randle Hall devenu un théâtre. Plus réussi est en face, sur le continent, le Théâtre national, construit pour le Festival de 1977, du temps qu'un autre général, Olusegun Obasanjo, était au pouvoir. Le bâtiment, copié d'une patinoire de Bucarest, est sans doute le plus grand sauna du monde, du fait d'une climatisation à éclipses, mais il est populaire et l'ambiance est chaude les dimanches après-midi quand s'y produisent les orchestres de Fuji. Voir onduler trois mille fans d'Alhaji Barrister Kollington, vibrant à ses litanies d'épithètes louangeuses ou satiriques et répondant aux rythmes, mais aussi aux devises subtilement présentes dans la musique, dont elles épousent les contours tonaux, c'est voir battre le cœur de Lagos ! Obasanjo est à nouveau au pouvoir. Le théâtre tient toujours debout, malgré les gouttières : le gouvernement cherche un mécène pour le réhabiliter.

« Etait-ce vraiment il y a si longtemps qu'à la « Caban Bamboo » (sic), après le départ des derniers clients, nous nous installions aux pupitres pour accueillir l'aube... Qui étions-nous ? Toute une bande de poètes, d'acteurs, de critiques du début des années soixante ». Souvenirs nostalgiques qu'évoque Wole Soyinka des années de l'avant-guerre ! L'université venait d'ouvrir, en 1962, dans ses superbes bâtiments, excellents exemples du style « tropical-moderne » de l'atelier de Maxwell Fry, Lagos était déjà une capitale intellectuelle. Professeurs, politiciens, journalistes sont toujours là, mais les militaires sont venus prendre part aux débats et un quart de siècle de gabegie pèsent sur les épaules de tous. La « Caban Bamboo », temple du highlife où officiait Bobby Benson a brûlé et sur Ikorodu Road il ne reste plus que le club de Sunny Ade, et encore quand ce dernier n'est pas en tournée en France ou en Grande-Bretagne. On peut certes aller à Yaba écouter du jazz chez Art ; le club du « commandant en chef » Ebenezer Obey est en panne, comme le bus qui trône sur ses essieux devant sa porte. Fela règnait sur la vie nocturne : sa « Kalakuta Republic » des autres années folles, celles du boom pétrolier de 74 à 81 a été

« déguerpie » par l'armée en 1977, mais il s'était réinstallé à Ikeja, où il avait rouvert son sanctuaire, son « shrine » : le culte se célébrait à partir de minuit et il ne fallait pas hésiter à passer la nuit ! D'autres endroits plus calmes méritent le détour : l'hôtel Stadium où se produisent des orchestres de musique yorouba qui jouent une variante nigériane du highlife, et avec cuivres ! Plus loin, sur Victoria Island, pour une longue soirée de saison des pluies, rien ne vaut le Peninsula : la lagune y prend des langueurs durassiques, évocatrices de deltas asiatiques.

En 1991, le gouvernement a déménagé à Abuja, au centre du pays, et Lagos cessa d'être la capitale du Nigéria, cent trente ans après avoir été rattachée à la couronne britannique. De l'union de la Colonie, l'île de Lagos avec les protectorats du Sud (1906) puis du Nord-Nigeria (1914) devait naître ce pays. Rien ne préparait cette île peuplée d'Africains acculturés, venus commercer ou évangéliser sous la protection de l'Union Jack, descendants d'anciens esclaves revenus de Sierra-Leone, les Saros, ou du Brésil, les Agudas, à se retrouver capitale d'un pays peuplé majoritairement de Musulmans vivant sous la coupe d'émirs moyenâgeux devenus milliardaires en pétrodollars. Le chemin de fer construit il y a un siècle et demeuré tel quel a beaucoup fait pour l'unité du pays : la gare située sur la péninsule d'Iddo face à l'île de Lagos est un morceau du Nord avec ses mendiants, ses mosquées, ses vendeurs de suya, ces brochettes épicées dont raffolent les Haoussas.

Toute une petite société européanisée s'était installée sur l'île amenée par les Saros, les Sierra Leonais, et dont l'évêque Crowther, traducteur de la Bible en yorouba et évangélisateur du delta du Niger, dans les années cinquante du XIXe siècle était le représentant le plus éminent. A la fin du siècle Lagos avait non seulement ses cathédrales et son pont, mais ses sociétés de concert et ses vaudevilles. Le roi de l'île, l'Oba demeurait dans son palais, à côté de Jankara Market, mais il avait dû abandonner aux marchands et aux missionnaires la conduite des affaires. Lagos n'est pas une ville yorouba, comme Ibadan, mais une ville pluriethnique où se fait nettement sentir l'influence haoussa à Iddo, alors que Yaba, ou le centre de l'île ont un petit côté anglais, c'est-à-dire Sierra Léonais. La fin de la dernière décennie du siècle devait voir s'équiper la ville, qui était la base arrière de la conquête du pays qui s'achevait en 1900 avec la prise de Kano par Lugard. Dès 1902 la visite à Lagos de Ronald Ross qui avait identifié le moustique comme vecteur de la malaria permettait le lancement d'un important programme d'assainissement qui faisait que la ville ne méritait plus de faire partie d'une côte connue comme « tombeau de l'homme blanc », tant elle était infestée de paludisme. Bienheureux Nigéria que les anophèles préservèrent d'une colonisation de peuplement : au plus beau temps de l'Empire, il n'y eut jamais plus de 2000 Anglais au Nigéria, et beaucoup étaient à Lagos.

Le centre de Lagos avait aussi pendant la première moitié du siècle un petit air brésilien, dont il ne reste plus grand chose. Ebun House, l'une des plus anciennes maisons brésiliennes, qui devait être restaurés par une société française, a brûlé mystérieusement il y a quelques années. La mosquée Shitta sur Martin Street est aussi un exemple élégant de ce style avec ses chapiteaux et ses colonnes. Les sculptures en ciment, de lion par exemples, œuvres de maçons brésiliens, puis yorouba, donnent à ces édifices parfois austères une couleur tropicale. La ville, née de la mer, n'a longtemps été qu'une marina, une longue promenade, ponctuée des wharfs des maisons de commerce, dont les comptoirs encadraient les cathédrales anglicane et catholique.

Il est difficile aujourd'hui de sentir le charme de ces années en se risquant au milieu des embouteillages. Comment voir dans le chaos de la circulation et sur l'autoroute qui lacère la Marina les immeubles harmonieux de Maxwell Fry, le disciple de Gropius qui a marqué le Lagos des années soixante de son empreinte ? Qui se risquera au zoo Biney, le seul zoo privé du Nigéria et le premier, comme le petit Wole Soyinka le raconte dans un de ses premiers textes publiés ? Quelles escapades tentent les gamins de Lagos aujourd'hui ? Les ferrys entre les îles, la visite des usines d'incinération d'ordures qui rouillent lentement le long des bretelles d'autoroute, faute de pièces de rechange ?

Les projets futuristes n'ont pas manqué : cité d'affaire lacustre, TGV Abuja-Lagos, ou tout simplement métro. Lagos est une ville où il faut imaginer. Par exemple : ce que sera demain le Nigéria, c'est-à-dire une Afrique qui saura dominer sa richesse. La crise du golfe fait rêver les Nigérians et les hommes d'affaire, à mesure que monte le prix du baril et que les recettes nigérianes augmentent. Quelle part en reviendra à un Lagos qui n'est plus capitale, mais simplement un état parmi les autres ? Comment la ville en profitera-t-elle ?

Alors, touristes s'abstenir ? Dans une première version du texte je répondais : non, partez visiter l'Afrique de demain. Aujourd'hui je serai plus prudent !

Le concert-party
(photographie Pierre Le Bret, 1971)

5
Soirées de Lomé

De Lagos à Lomé, il n'y a que 280 kilomètres. J'ai souvent fait cette route en taxi-brousse ; il fallait la journée, c'est-à-dire partir à six heures du matin pour arriver vers minuit. Deux frontières à franchir, c'était beaucoup ! Aujourd'hui la route est meilleure et il faut moins de temps. On roule longtemps au bord de l'océan au long duquel Lomé s'est construit. Mais Lomé a perdu de ce charme qui faisait d'elle le lieu de villégiature le plus agréable de la côte jusqu'au milieu des années quatre-vingt.

Les vêtements collent à la peau, tout est moite, vers la plage il fait un peu plus frais. Des bouffées de musique arrivent de l'océan. Je cherche le bar que m'a indiqué Kokouvito. « Nous ne commencerons pas avant onze heures. » J'ai encore du temps devant moi, la musique a débuté, pas le spectacle. La pluie de l'après-midi a transformé les pistes en canaux, toute la rue n'est qu'un vaste cloaque où s'ébattent des porcelets noirauds affairés parmi les immondices. Des enfants pataugent dans la boue. Au passage de mon véhicule ils lancent leur petite ritournelle : « Blanc, blanc, bonsoir, ça va bien, merci... », ça irait mieux pour eux s'ils avaient des chaussures pensé-je, avant d'aviser au coin de la rue une vendeuse d'ignames. Son brasero rougeoyait, les braises ravivées par le balancement nonchalant d'un petit éventail de palme. Les tranches d'ignames luisaient éclairées par un lampe à huile découpée dans une boite de sardines, attirantes. Je lui demandais, dans le peu d'ewe courant que je maniais sur quelle piste se trouvait l'entrée du *Chien qui fume* où se produisait mon ami Kokouvito.

L'attroupement me signala le lieu. Une soirée de concert dans le quartier était un événement. Le petit commerce rappliquait. Vendeuses de brochettes, de cigarettes, d'oranges, de beignets, de maïs grillé... J'en avais encore pour deux heures, il me fallait une bière. Un appentis ouvert sur la rue était le bar ; il donnait sur une cour, sorte de patio, encadré par un préau, flanqué côté rue d'un orifice dans le mur, faisant office de guichet. Cérémonieusement Makouta, un ami de Kokouvito, découpait avec une sage lenteur, les billets. Les spectateurs se pressaient. Y aurait-il des places pour tout le monde ? Ceux qui avaient déjà été servis se bousculaient dans le bar. Kokouvito m'avait sûrement réservé un siège. Au pire je m'installerai sur le sol à côté des enfants. Le néon vert noyait la rue d'une lueur glauque d'aquarium. Les murs bleus de la case ne renvoyaient que la pénombre qui masquait mal la crasse du comptoir. Le garçon essuya mon verre, Blanc oblige, avec un chiffon beaucoup plus sale que le verre. Je le remerciais d'un sourire.

Cette bière était une pause avant d'entrer à nouveau dans l'univers du concert. Kokouvito était venu en France quelques années auparavant avec un petit groupe de comédiens. Il avait déjà sa dégaine à la Buster Keaton et son corps était aussi délié que sa langue était leste. Le va-nu-pieds des faubourgs de Lomé était encore étonné de sa chance. Sa prestation avait été un désastre. Tout cet art subtil grandi dans les quelques mètres carrés des patios de la ville avait volé en éclat sur une scène. Peu importait : il avait compris que parler français et être comédien étaient deux choses différentes. Il serait une vedette, un jour et il reviendrait.

La bière était chaude, elle avait le goût de toutes ces soirées passées au théâtre de la rue, à l'écoute de ce qui faisait rire et songer les Loméens. Personne ne prêtait attention à moi. Pourtant je détonnais. Il n'y avait jamais de Blanc aux spectacles. Il fallait pour saisir l'humour verbal des comédiens une excellente connaissance de la langue que je n'avais pas encore, mais ça venait à coup de bières et de longues soirées assis par terre.

Le patio était déjà bondé. Des bancs avaient été disposés, ils étaient tous occupés. Les musiciens avaient pris place sous le préau, les comédiens avaient accroché une lanterne au manguier de la cour. Les enfants étaient couchés aux pieds des spectateurs du premier rang. Enroulés dans des pagnes les plus petits dormaient. Rêvaient-ils aux Bobs, ces clowns étranges qui ouvriraient le spectacle ? Vêtus de pyjamas noirs, affublés de longues queues jaunes, le visage masqué au blanc de chaussure, ils surgiraient... Comme suspendus à un porte manteau imaginaire, ils gigoteraient, tels des pantins désarticulés, pédalant sur un vélo invisible. Leur tête coulisserait sur une sorte de rail arrimé entre leurs épaules. Cette disjonction des mouvements entre tête, bras, jambes, pourtant tous animés de la même frénésie, faisait merveille. Êtres magiques, mi machines mi animaux, ils étaient aussi des hommes : leurs yeux roulaient de droite à gauche, passant par toutes les nuances de la frayeur, comme si leur propre corps les épouvantait... Etonnant morceau de bravoure dégingandé après lequel commençait le récit des comédiens.

L'histoire de l'*Africaine de Paris*, la pièce de ce soir, m'a toujours laissé songeur ; Kokouvito est Monsieur Jean, sûr de lui et veule, arrogant et arrangeant. Il a deux épouses : une locale et une Parisienne. Cela finira mal. Les images surgies de la nuit dans la lueur de la lampe tempête accrochée sous le manguier sortent des rêves des spectateurs. Figé sous son grimage, raide devant le micro, Kokouvito donne corps à des images arrachées à la misère et à la résignation, des images naïves et fortes qui vivront longtemps dans la tête de ceux qui les auront vu s'animer.

Dans la capitale assoupie de cette république cacaoyère la vie intellectuelle ne se réveillait que pour les conférences du centre culturel. Situé en pleine ville le centre borde l'ancien jardin colonial qui a gardé le nom d'un gouverneur, que tout le monde a oublié. La place est vieillote, un kiosque à musique y trône, rescapé incongru d'une époque révolue. J'imagine un orchestre de tirailleurs, à la petite saison des pluies, quand il y fait un climat d'été de chez nous, jouant face à un parterre d'élégantes en pagne. La place baigne dans la poussière, le kiosque tombe à l'abandon, des chèvres broutent les dernières fleurs. Pourtant ce jardin étriqué a gardé un peu de son charme face à l'urbanisme pompeux du régime.

Ce soir le professeur Maxime, en poste dans le grand collège catholique de la ville parle. Toute l'affaire est empreinte d'un cérémonial guindé. L'orateur est présenté par un collègue qui préside la séance. Maxime a été l'élève du plus célèbre philosophe africain qui exerce dans l'université du pays voisin, à moins de cent-cinquante kilomètres. Les deux républiques, l'une cacaoyère, l'autre huilière, sont en concurrence idéologique. Le cacao est libéral, l'huile marxiste, le cacao est affaire de petits producteurs, l'huile de grandes sociétés. Présenter l'orateur, qui a déjà le handicap d'être originaire du pays de l'huile, comme un disciple du célèbre philosophe, c'est en faire quasiment un agent de l'étranger...

Le débit est précis, les pauses étudiées. « Les Grecs ont inventé la philosophie parce qu'ils ont appliqué des principes scientifiques d'analyse à des discours éthiques ou axiologiques, en somme à des discours que nous pouvons à bon droit nommer religieux [...] Aristote, savant et philosophe, mais aussi précepteur de l'homme politique. Nous n'avons pas à croire, mais à comprendre. Le philosophe ne cherche pas le pouvoir, ou alors il est un sophiste, un ami des politiciens, c'est-à-dire un ami des menteurs. » Peu s'en faudrait que je ne me pince. L'Afrique « authentique » des politiciens est mise au placard, en public, en plein centre de Lomé. Je mesure le scandale. L'assistance aussi, qui écoute avec un silence respectueux, comme abassourdie. Le conférencier affecte de ne pas être ravi de l'ébahissement qu'il provoque... La collègue qui m'accompagne, écoute, fascinée, avec la mine effarouchée de qui vient pour la première fois à une corrida. « C'est passionnant, lui dis-je. – Oui, mais pourquoi un tel émoi ? – Tout est là ! – Comment ça ? – Tout : l'authenticité, la politique, la fierté nationale... – Il faudra m'expliquer, dit elle avec un sourire qui accuse les fossettes de ses joues... » Elle a le nez retroussé, d'énormes boucles d'oreilles, des cheveux à la garçonne. Elle est charmante, une vibration émouvante s'entend dans sa voix, une brisure que l'aspect métallique de sa personne cherche à voiler...

Comment faisaient les missionnaires qui ont écrit des milliers de pages sur l'ewe ? Je peux à peine en rédiger quatre ou cinq sans ressentir le besoin furieux de brancher le climatiseur. J'écris l'histoire de groupes de théâtre, « patrimoine du spectacle vivant ». Je cherche aussi à comprendre les possibilités que nous avons de mettre leurs messages au service du développement

La ville tourne le dos à la mer. La plage s'étend au long de la ville. Les alizés soufflent, le soleil tombe dru, l'humidité vous étouffe. Souvent je cours au long de l'océan avec Alfred. Nous croisons les frères de farouches guerriers descendus du Sahel chercher fortune à la côte. Leurs camions rutilent ; eux non. On les sent prêts à tout pour franchir barrages et frontières. La ville s'allonge avec nos foulées. Nous longeons l'ancienne résidence des gouverneurs transformée en résidence des hôtes de marque. Etrange bâtisse aux allures de château fort, avec son dongeon crénelé qui serait mieux à sa place sur quelque crête alpestre : entre le pôle sud et nous, Sainte Hélène... Le savent-ils les plantons qui nous saluent, et qui fixent l'océan tout au long du jour. Ils connaissent ces fous de Blancs qui viennent suer bière et paperasse à la fin du jour. Un peu plus loin est la présidence, vaisseau amiral échoué sur la plage, construit avec des fonds dont la provenance a toujours paru magique. De belles histoires courent à son sujet ; un avion serait tombé du ciel, coffre fort volant dont les billets auraient permis d'édifier le palais.

Embruns, parfums du soir, senteurs d'eucalyptus brûlé, effluves du poisson qui sèche sur la route, tout cela pénètre nos narines... Nous flottons dans l'air moite, humides comme la mer, tièdes comme le vent de l'aube, immobiles comme le soleil. La douche glacée à l'arrivée au terme de notre course nous tire de cet engourdissement, la fatigue s'évanouit après cet essorage intérieur.

L'attribution du prix Nobel de littérature à Dario Fo en 1997 ne peut que réjouir un amateur de théâtre, et en particulier un amateur de concert-party. Il y a près de vingt ans Wole Soyinka, lui aussi homme de théâtre, grand connaisseur des mascarades yorouba, recevait ce prix ; aujourd'hui c'est un artiste italien, qui se définit lui-même comme un jongleur, c'est-à-dire un mime, mais aussi un poète oral. L'œuvre de Dario Fo a un sens pour les arts du verbe qui hésitent entre l'improvisation et la répétition, entre le chic et le script. Kokouvito, roi des nuits de Lomé, n'a jamais rien écrit. La grande coupure qui oppose pour les esprits simplistes l'oralité à l'écriture est ainsi mise en cause au coeur de la culture italienne et européenne.

Le jaillissement verbal, l'improvisation, la dénonciation de l'imposture sont au cœur de la réflexion de Dario Fo sur le comique et nous pouvons nous en inspirer pour l'analyse du concert-party. *Comme le remarque Michel Jourde, dans un article du* Monde *(décembre 1997) « Que cette distinction, que le jury a justifiée en se fondant explicitement sur les traditions de poésie orale et d'éloquence, puisse encore indigner n'est pas sans intérêt ! »*

Les soirées de Lomé, ce sont aussi les veillées funéraires, avec les spectacles de concert et les conférences savantes. Un comédien qui meurt, c'est un rôle à reprendre, souvent un rôle que le comédien avait lui-même créé, lui donnant mimiques et répliques. Son successeur a le sentiment très net de se glisser dans la peau d'un autre. Il faut donc une sorte de blindage. C'est le sens de la cérémonie à laquelle nous avons participé, avant le tournage de notre film, Le principe du Taxi. *Une fausse nouvelle avait jeté la consternation dans le groupe. Mon collègue Raymond Verdier, ethnologue au cnrs, au courant de mes enquêtes, m'avait dit : « Vous devriez vous intéresser à la vie spirituelle du groupe. » Il avait raison, mais le handicap de la langue était grand : je n'ai jamais réussi à parler l'ewe ! et j'ai passé deux ans à traduire les textes du groupe avec Noble Akam ! Malgré cette grave lacune, j'ai trouvé assez de sympathie chez les comédiens pour être invité à participer à des moments rares de la vie de leur groupe.*

Un battement morne de tam-tam m'accueillit chez Kokouvito. Dans la cour attenante à la maison je reconnus plusieurs comédiens. Le tambourineur siégeait contre un mur voisin. La séance était commandée par Djeton, le petit jet, le petit bolide du concert. Et bolide il l'était, le Djeton de Kokouvito ! Il n'avait pas son pareil pour chaparder à la table de ses patrons dès qu'ils tournaient le dos et pour jongler avec les femmes comme avec les bouteilles de bière. Ce soir le jet semblait en panne. Ma présence le dérida. Il esquissa un sourire amical. Je m'assis contre le mur. Un à un les participants à tout ce qui avait l'air d'une veillée funèbre vinrent me serrer la main. Ils étaient tous là : le désossé de la plage, les menuisiers-charpentiers d'Agou, la belle Africaine de Paris, incarnée par Ben qui toute la journée nettoyait les cuve réfrigérées de la brasserie grâce à laquelle il y avait encore des fêtes à Lomé !

Le tam-tam avait ralenti. Ainsi pour eux Kokouvito était mort ! Sa disparition était équivalente à un décès. Elle avait jeté les comédiens dans la détresse. Ils étaient graves. Assis sur des bancs de bois contre les murs de la concession, le visage éclairé par une lampe tempête vacillante accrochée à un manguier, ils ne disaient rien. Le tam-tam rythmait en sourdine ce deuil. Moi aussi, j'étais assis : j'attendais. Des amis entraient, saluaient chacun des membres de l'assemblée et prenaient place à leur tour sur un des bancs. L'âme de Kokouvito se promenait sans doute dans l'assemblée, peut-être même son fantôme allait-il faire irruption d'un instant à l'autre. Ils faisaient bien les choses pour leur patron disparu. Je ne savais quoi dire. Annoncer ce que je venais d'apprendre ? Impossible et je ne serais pas cru. Et puis pourquoi interrompre cette cérémonie pour

Kokouvito. C'était lui qui était célébré. Il avait donné corps à tant de rêves, c'était bien son tour de devenir un rêve ! Il avait mené ce groupe dans la brousse, dans les villages de montagne, sur les lagunes ; il avait écumé les bars de la capitale, fait venir à lui de milliers et des milliers de spectateurs ; soudain il avait disparu. Où était-il ? Nul ne le savait ! Son souvenir existait, il agissait, rassemblait, donnait un sens à notre réunion. L'œuvre de Kokouvito c'était aussi ce groupe ! Le désossé de la plage, vedette de prologues désopilants était présent tout entier, plié en bon ordre, il n'avait plus les pieds autour du cou, tout simplement sous le banc. Etonnant ! La charmante Africaine de Paris avait les traits de Ben, fourbu, après une journée passée à manier la brosse. Ayelete était toujours magnifiquement coiffé d'une sorte de banane punk, façon Nigéria qui le faisait mal voir des policiers togolais, vigilants à l'encontre de tous les signes de déviance.

Ils étaient tous là, silencieux, fixant, muets, le sol. La mort est une chose très ancienne dit le proverbe. Ancienne et toujours nouvelle : voilà ce qu'ils apprenaient à leur tour. Voilà ce que moi aussi j'étais venu apprendre. Torse nu, ils avaient ceints des pagnes longs qui leur donnaient l'air de porter des jupes. Je demandais un pagne et m'installai moi aussi sur un banc. Je pensais à Kokouvito, sans doute interné vers le nord du pays, dans un camp militaire, puisque c'était ici la méthode : l'armée étant chargée non seulement de la défense nationale, mais aussi de la justice et de l'exécution des sentences. Tâche légère quand on se dispensait du procès, comme cela venait d'être le cas : aucun chef d'inculpation n'ayant été communiqué à la famille de Kokouvito, aucun n'étant parvenu jusqu'à ses amis ! Et pour cause ! Il ne s'agissait que de lui donner une bonne leçon.

L'irréalité de la scène surpassait tout ce que les comédiens auraient pu produire. Nous entrions en musique dans la nuit. Les bruits de la rue avaient cessé. De rares voitures troublaient de leur klaxon les abords de l'avenue, parfois un camion poussif gémissait en gravissant la côte. La cérémonie ne faisait que commencer. Je n'y avais pas été convié, mais maintenant que j'étais présent, j'étais devenu un invité de marque. Comme les autres il me faudrait tenir toute la nuit ; à la différence des autres j'aurais droit à un meilleur siège et au service attentionné de la compagne de Kokouvito, toujours aussi discrète et effarouchée.

Les boissons circulaient. Du « sucré », c'est-à-dire, des sodas, mais aussi de l'alcool local, du sodabi, au goût de saké. La noria des visiteurs continuait. La mort est chose ancienne, et publique. Il nous fallait attendre la fin de la nuit. Là il se passerait quelque chose. Je ne savais pas quoi. Djeton me prit à part pour me demander de l'argent « pour le sacrifice ». Au point du jour, il y aurait un sacrifice. Et pourquoi cela ? Ne pouvait-on laisser Kokouvito dans la tranquillité de la mort ? Non, il fallait offrir à ses mânes un poulet, pour convaincre le défunt de demeurer dans l'autre monde. Il était parti, il devait rester là où il était, il ne fallait pas qu'il ne lui prenne la fantaisie de revenir hanter ce monde-ci. Et cela d'autant moins que le groupe allait continuer à jouer les œuvres qu'il avait créées. Djeton lui-même abandonnerait ses propres rôles de serviteur yorouba pour endosser le pagne misérable de l'orphelin, victime de sa marâtre, et qui triomphe pourtant grâce à ses succès scolaires. C'était lui qui était à l'origine de la cérémonie de sacrifice. Il s'était dit : et si Kokouvito s'offusquait de me voir prendre sa place ? Et si l'on n'appréciait pas que je le remplace si vite... Il fallait l'amadouer, lui dire qu'une succession si rapide était un hommage, non une usurpation.

Djeton avait consulté les féticheurs : le problème était nouveau et ne relevait pas exactement du culte des ancêtres. Faire revivre un personnage créé par le défunt, c'était effectivement prendre des risques, de gros risques, de très gros risques. La rencontre avec un être arraché au royaume des ombres pouvait avoir des conséquences redoutables : le spectre entraînerait avec lui son double terrestre et Djeton se trouvait bien jeune pour prendre ainsi congé de ses collègues. Peint par le féticheur, le tableau des conséquences d'un acte aussi risqué que cette personnification appelait évidemment une cérémonie en rapport avec les suites funestes entrevues... Qui voulait dire cérémonie de qualité devait entendre cher payée à l'officiant. Djeton le savait, mais il considérait que sa propre sécurité ne serait jamais assez précieuse et il en avait persuadé ses collègues.

J'étais donc prié de verser mon écot à cette manifestation funéraire et dramatique. Le féticheur avait vu, à sa façon, grand : quatre bouteilles de whisky, quatre bouteilles de gin, deux bouteilles de sodabi, deux poulets. En tant que membre de l'Institut de recherches pour le développement ma contribution relevait du cadeau aux informateurs. La recherche sociale progressait à grandes rasades d'alcool ! C'était après le premier chant du coq que devait intervenir le féticheur et nous en avions encore pour plus de deux heures.

L'officiant arriva, de fait, au premier chant du coq. C'était un bel homme, grand, digne, au crâne rasé, au visage intense. La musique avait cessé. Tous les acteurs étaient recueillis : bien que familiers, ils étaient déférents avec l'homme du sacrifice, voire un rien craintifs. D'un balai de palmes, l'homme nettoya soigneusement une partie de la cour, dégageant une aire de sable autour de laquelle nous nous disposâmes. Le sacrificateur dirigeait les préparatifs avec une rare économie de moyens. En quelques minutes tout était prêt. A ce moment firent leur apparition les bouteilles de gin et de sodabi que Djeton s'était procurées. Nous étions tous rassemblés autour du féticheur, les yeux rivés au sol. Le célébrant, vêtu d'un pagne blanc, identique aux nôtres, se recueillit un instant. Soudain il empoigna une des bouteilles, un gin de grande marque, la déboucha et se lança dans une série d'invocations :

« Kokouvito, je m'adresse à toi. M'entends-tu ? De là où tu es, tu nous reconnais ! Tu sais que nous sommes tes frères et tes disciples ! Aucun de nous ne t'a poussé à quitter ce monde. Que celui qui t'a fait partir sache qu'il n'échappera pas au juste châtiment de son forfait. » A cet instant il répandit le liquide sur le sol. Le gin dessina dans le sable une large tâche aux contours indistincts que nous fixâmes pendant plusieurs secondes. Sous nos yeux la terre absorba l'alcool, répondant goulûment aux incantations du célébrant.

« Que celui, s'il existe, qui t'a envoyé là où tu es maintenant, sache qu'il aura affaire à nous. » Les mots étaient forts. La deuxième bouteille de whisky – ou plutôt un bon tiers de la bouteille – s'étala sur le sol : les paroles s'imprimaient dans la terre, elles allaient rejoindre leur destinataire. Cette entrée en matière avait revêtu toute la pompe nécessaire. Il fallait maintenant faire passer une deuxième sorte de message. Le sodabi suffirait ; deux bouteilles furent débouchées et déposées à côté de l'officiant.

« Que celui qui t'a envoyé là où tu es prenne garde ! Quant à toi, reste là où tu es maintenant ! Ne reviens pas. Nous savons nous occuper de toi. Sois en paix. » Une demi-bouteille de sodabi vint s'épandre à côté de ce qui aurait failli être une flaque de whisky, n'aurait été la porosité naturelle de ce sol assoiffé d'alcools importés ou ancestraux. Il n'y eut pas de flaque de sodabi. La terre buvait toutes les paroles avec enthousiasme. Le ton de la voix, la lenteur calculée des gestes, puis par moment leur soudaineté, quand il vidait le contenu de la bouteille, tout cela ne manquait pas d'une étrange noblesse. Le féticheur en imposait. Je me demandais s'il exerçait un autre profession et si dans quelques heures, ayant revêtu son uniforme de fonctionnaire, il serait assis derrière un bureau couvert de paperasses, harcelé par des quémandeurs.

Cette méditation n'eut pas le loisir de se prolonger. Les caquètements de deux poulets envahirent la courette. Nous allions passer à une autre registre. Après les messages à Kokouvito, lui enjoignant de ne plus se mêler des affaires de la troupe, au moins de manière intempestive, il fallait maintenant offrir un sacrifice à l'idole de la troupe. C'était un obscur vodou des lagunes, élu par Kokouvito tout au début de l'entreprise, mais qui jusqu'à aujourd'hui avait fidèlement soutenu le groupe. Il fallait que le fétiche redouble d'efficacité, fasse la preuve de sa capacité à soutenir la troupe dans une adversité sans pareille ! Pour l'occasion deux poulets étaient de la fête. Djeton tenait fermement par les pattes la première victime, dont un chiffon clouait le bec. Les volatiles battaient frénétiquement des ailes, mais aucun son n'émanait d'eux. Le féticheur sortit un coutelas de dessous son pagne. Il le fit plusieurs fois siffler dans l'air d'une manière effrayante et en manière d'essai l'abattit sur le cou du poulet que Djeton lui tendait. Il ne le trancha pas. « Prends soin de Djeton. » Tous répétèrent. Il refit ce geste et dit, « Prends soin d'Ayelete, » et tous répétèrent. Tout le groupe y passa, tous furent consacrés à l'idole par la grâce du métal qui effleurait la chair déplumée. Enfin le sacrificateur se décida. Un bruit mat se fit entendre, suivi d'un clapotis. Le féticheur tenait fermement l'offrande qui se vidait de son sang. Un son rauque s'échappait de la bouche de l'homme, une sorte de long râle, comme si son énergie à lui aussi s'enfuyait avec le sang du poulet, retournait en poussière.

Un trou en forme de bol avait été creusé. Le sable ne pouvant absorber tout le sang, une flaque se forma sur le sol. Le féticheur ayant invoqué à plusieurs reprises le vodou tendit la bête exsangue à l'un des assistants de Djeton. La liste des membres du groupe n'était pas épuisée et l'autre poulet dut attendre que s'égrène sur son cou les noms des amis de Kokouvito, de tous les zélateurs de l'idole des lagunes. Le coutelas scandait l'énoncé de la liste.

Un râle identique de satisfaction s'exhala au moment de l'écoulement du sang, et le suivit jusqu'à ce que fut rempli le trou creusé à même le sol, qui s'était, entretemps, vidé : la terre avait une nouvelle fois bu son dû.

En quelques minutes le jour s'était levé. La cérémonie qui avait commencé à la nuit noire, peu après le premier chant du coq, s'achevait en plein jour. Le jour venait très vite sous l'Equateur et le féticheur avait bien calculé : nous ne parlerions ni aux idoles ni aux ancêtres en plein jour ! Tout était fini ! Nous pouvions encore profiter de la fraîcheur de la nuit. Le crissement des timbres de bicyclettes, le craquement de bûches que l'on fendait, le tintement de la vaisselle chinoise en fer blanc étaient les seuls bruits de la rue. La pétarade de l'avenue n'avait pas repris et les rues aux murs de terre battue qui bordaient la maison semblaient s'étirer, au sortir d'une sieste.

Le jour avait sa propre magie. Soudain surgissaient des plats remplis de riz, de pâte de manioc. Des bouteilles de soda circulaient. La vie jaillissait de tous côtés. Les femmes arrivaient avec des assiettes, des verres, des bouteilles. Déjà découpés, les poulets mijotaient calmement dans une marmite et promettaient d'agrémenter les assiettes de sauce qui passaient de main en main. Le féticheur avait disparu : était-il allé au bureau ? Ne se commettait-il pas avec les clients le jour venu ? Mon malaise de la soirée précédente s'était dissipé pendant la nuit. Toute cette cérémonie ne visait qu'à raffermir les liens entre les membres de la troupe, entre ceux qui étaient présents, et bien présents en ce monde, et celui qui, pour eux, était déjà dans l'autre monde et devait continuer à les protéger à partir de sa mystérieuse retraite.

Nous étions assis autour de la marmite. Des bols de pâte d'igname avaient fait leur apparition. Une sauce d'épinards aidait ce mastic indigeste à descendre dans le gosier ; la saveur du poulet était un peu celle du souvenir.

« Nous prions collectivement tous les vendredis soir. Parfois certains de nos membres représentent des

extraits de la Bible. Ce soir nous avons un service : venez ! » Senouvo avait voulu me faire partager ce qui comptait pour lui, et je lui en fus reconnaissant. Le service avait lieu dans son quartier à vingt heures. Il me donna rendez-vous chez lui. Nous irions ensemble. Lomé, la provinciale, où les grandes distractions des fins de semaine sont les enterrements ou les services religieux ! Voilà à quoi l'homme de théâtre occupait ses soirées, avant son voyage que je raconte un peu plus loin.

Le concert-party rencontrait là un sérieux concurrent ; les spectacles parlaient de la belle vie, de celle que la musique populaire célébrait ; les services parlaient de l'autre vie, de celle que les cantiques appelaient. Dans les verts pâturages du royaume du Seigneur tous les pauvres de cette terre trouveraient des génisses grasses et des brebis dodues. Les pêcheurs rôtiraient éternellement dans les flammes de l'enfer alors que les bienheureux flotteraient sur des nuages de félicité cotonneuse. Théologie simpliste, mais qui faisait recette. La maison où avait lieu le service était bondée ; nous trouvâmes deux places tout au fond, sans que ma présence suscite le moindre mouvement de surprise ou de curiosité. La salle se balançait en cadence sous les halleluyah d'un prêcheur inspiré. On eût dit qu'il était porté par les vagues que faisaient les têtes des fidèles dodelinant de droite à gauche. « Repentez-vous. Repentez-vous. » Il parlait la langue du pays. L'assistant me traduisit l'essentiel. Les fidèles étaient suspendus à la bouche du prêcheur. Ils étaient là, de toutes conditions : des plantons, des fonctionnaires, des mères de famille, avec leur pauvre pagne dans lequel un bébé somnolent ficelé comme un sac à dos se laissait bercer au rythme des ondulations de l'assemblée. J'ondulais aussi. Mon voisin faisait de même. Il y avait de la ferveur dans cette foule. Il y avait un appel. Un immense désir d'une autre vie, un immense désir d'en finir avec la crasse et la misère, la poussière, les mauvais repas au bord des routes, les enfants malades, les ordonnances trop chères, les policiers corrompus, les fonctionnaires inaccessibles, avec toute cette sale vie qui leur était faite dans cette petite capitale provinciale, dont beaucoup savait qu'elle était encore meilleure que la vie encore plus sale faite à ceux qui étaient restés au village, à gratter le sol dix heures par jour pendant des mois, à rester suspendus aux pluies, faute desquelles ils risquaient de mourir de faim, et alors que de toute façon il leur faudrait se débrouiller tout seuls... « Repentez-vous. Repentez-vous. » Oui, il fallait se repentir, mais de quoi ?

D'être pauvre, de ne pas savoir lire, de ne pas avoir de travail... Et sans doute fallait-il qu'ils soient coupables de toute éternité pour être nés dans cette capitale provinciale, dans ce pays « conjoncturé », comme disaient les taximen, donc coupables ! Quelques intellos tabassés, ou mis à l'ombre pour quelques temps, quelle importance ? Face à cette foule dont le repentir déferlait sur le prêcheur. Et mon repentir à moi était du lot ! Je me laissais gagner par la chaleur qui montait de l'assemblée – visages en sueur, tendus, déchaînés, puis étonnamment passifs.

Ce repentir collectif n'était que la première partie de la soirée. Le prêcheur, petit homme rondouillard à la voix profonde et au maintien majestueux nous annonça que les jeunes de l'Eglise allaient maintenant interpréter une cantate biblique : l'épisode de Sodome et Gomorrhe.

Nous ne verrons pas Dieu déjeuner avec Abraham. Nous l'entendrons. Abraham est joué par le pasteur. La mise en scène exploite, du moins autant qu'il est possible, la dépravation de Sodome. Y aurait-il cinquante justes ? Voilà qu'arrive la luxure sous la forme d'un trio de prostituées en train de séduire un jeune homme. Quarante-cinq ? Entrent des brigands, l'air terrible, Nigérians de bande dessinée. Quarante ? Les ivrognes nous font une manière de sketch publicitaire pour la bière. Trente ? Les intellectuels, des raisonneurs qui ne veulent pas se convertir parce qu'ils savent tout. Vingt ? Les féticheurs en jupe de paille, agitant furieusement leurs sonnailles pour répondre aux sollicitations des demi-chrétiens. Dix ? Les mauvais chrétiens, ceux qui ne font pas ce qu'ils disent. Chaque apparition d'un nouveau vice était saluée de hurlements de désapprobation venus de l'assistance. Senouvo a signé la mise en scène. Quelle efficacité ! Il sait faire bouger une foule, produire des images simples et fortes. Il est satisfait que j'ai assisté à cette représentation. Je lui dis : « Tu sais faire du théâtre engagé ! Et du bon ! »

La foule prie ; le pasteur scande la prière collective. Des pasteurs invités, présents dans l'assemblée interviennent et prêchent en français. Ils remercient le Saint Esprit qui souffle en bourrasque sur nous ce soir. Nous sommes invités à suivre le bon chemin, à être éclairés de l'Esprit de Dieu pour ne pas nous perdre en ce bas monde. « As-tu fait le bon choix ? » demande le pasteur à l'assemblée. Des hurlements lui répondent : « Oui je l'ai fait » ; une femme en sueur hurle, son pagne à demi défait. Elle hurle pour se persuader elle-même de son choix. Ses voisins la retiennent de se précipiter sur l'estrade où officie le prêcheur.

D'autres femmes se lèvent et parlent ; elles disent leurs souffrances, leurs peines et comment tout a changé depuis qu'elles ont bien choisi. Les mots se précipitent dans leur bouche, scandés par les battements des mains. Un souffle puissant parcourt l'assemblée. Je comprends alors ce qu'est le rythme, cette pulsation extérieure, et pourtant venu de nous, cette machine qui se met en place à l'extérieur de nous et dont nous sommes les instruments. Transe : je suis un autre. Esprit qui souffle, qui régénère. Je suis pris, étourdi, bouleversé par cette force qui monte de l'assemblée.

Elle dit la résignation. Elle ne dit pas : changeons le monde ! Elle dit : nous savons comment est le monde et nous n'y pouvons rien changer. Si nous souffrons, prenons-nous en d'abord à nous ! Convertissons-nous, nous souffrirons moins ! Cette force n'a pas d'allégresse ; elle est sombre et digne, elle monte de très loin, elle vient des siècles obscurs où les guerres ravageaient ces pays où les négriers les dépeuplaient, où les négociants les saignaient. Elle a une extraordinaire puissance ; ni les tracts ni les discours ne pourront l'entamer. Le philosophe qui citait Aristote et tous les autres ont-ils bien compris cela ? Sont-ils en train de le comprendre ? Ils ont voulu prendre leur histoire à bras le corps et ils ont rencontré les grands maîtres de la résignation ; ceux qui profitent de cette inertie, ceux qui savent que rien ne peut changer, ceux qui ne sont pas naïfs, ceux qui veulent dresser le peuple pour lui apprendre à vivre sérieusement.

Le culte disait l'espoir ; l'espoir en une venue de l'Esprit, faute de quoi il fallait se résigner... Mes amis attendaient la venue de l'Esprit ou restaient silencieux. Que pouvaient-ils dire eux, les vaincus du progrès condamnés à subir un régime ankylosé. Quelle force le directeur puisait-il dans ces séances hebdomadaires pour résister à l'envahissante torpeur des bureaux officiels ?

Le palais des merveilles à Zanzibar, 1984.

6
Zanzibar ou la tentation de la nostalgie

Zanzibar est-il bien le « terme alphabétique de l'errance » comme l'écrit joliment Alain Borer ? Je n'en crois rien ! J'ai eu la chance d'y aller un peu par hasard, en 1984, alors que l'île demeurait fermée au tourisme. C'est en reconfirmant mon vol Dar-Nairobi dans l'Agence de Tanzania Airlines que je fis la connaissance de Faraisha. Elle prit d'autorité mon billet, entra dans un bureau adjacent et le tour fut joué... Pour la remercier de son efficacité je l'invitai à prendre un café. Elle me raconta qu'elle avait sa famille à Zanzibar. Je lui dis : Y aller est l'un de mes rêves. Elle eut alors cette phrase : I can make that dream possible *: je peux t'exaucer ! Etrange fée rencontrée à Dar un matin ! Elle m'obtint le billet aller-retour, qu'elle écrivit elle-même, et me servit de guide toute une journée. Sa maison jouxtait l'ancien palais du Sultan et elle se souvenait d'avoir vu, petite fille* *juchée sur la terrasse, les femmes du harem de Sa Hautesse conduites au hammam. Je suis souvent revenu à Zanzibar, là aussi dans un état proche de la jubilation. Aujourd'hui, j'ai pourtant moins envie d'y revenir. Il y a des hydroglisseurs, de grands hôtels, des vols réguliers de Gulf Air, l'électricité fonctionne, le musée est ouvert, et j'espère que les porteuses de* buibui *mettent toujours leurs shorts de gym sous le voile !*

Le 12 janvier 1964 un univers s'est écroulé : une révolution marxiste venait de survenir dans l'île de Zanzibar, et cela un mois à peine après la fin du Protectorat britannique, établi depuis 1890. L'événement fit sensation ; dans l'île des girofliers, l'histoire semblait s'être un peu arrêtée et la voilà qui revenait violemment ; le sultan fuyait sur son yacht, les Arabes qui peuplaient la vieille ville – la Ville de Pierre – étaient massacrés. Combien y eut-il de morts ? Beaucoup d'autres quittèrent la ville, et tout ça parce qu'un commando mené par un Ougandais illuminé et par celui que certains appelèrent le « Congolais » Karume, s'était emparé d'un dépôt d'armes et avait proclamé la fin de la féodalité. Le coup avait-il été préparé ? Par qui ? Nul ne le sut très bien, même si les marrons une fois tirés du feu l'Ougandais Okello dut laisser Karume les consommer à sa guise avec son parti africain « Afro-Shirazi » – ainsi nommé en référence à la ville de Chiraz en Perse dont les Africains de Zanzibar, par opposition à ceux du continent, étaient censé être venus il y a plusieurs siècles. Quatre mois plus tard c'était l'union avec le Tanganyika et la création de la Tanzanie ; or Zanzibar ne fut pas abandonné au socialisme bienveillant et chaotique de Nyerere, mais garda son propre gouvernement et fut livré au régime despotique de Karume où police politique et espionnite étaient la règle. L'assassinat de Karume en 1972 ne changea rien et il fallut attendre le début des années 80 pour que Zanzibar respire et s'ouvre à nouveau aux étrangers.

La Maison des Merveilles, ancien palais du Sultan, rebaptisé Maison du souvenir et Musée du parti afro-shirazi témoigne pour ces années troublées. Du haut de sa tour de trente mètres, d'où par temps clair on voit le continent, elle domine l'ancien fort portugais qui fait face à la rade de Zanzibar, une des meilleures de l'Afrique de l'est, fréquentée depuis des siècles par des *dhows* amenés d'Arabie par la mousson du Nord est. Aujourd'hui les *dhows* pèchent le thon autour de l'île et le port est en plein travaux pour permettre l'accostage de navires de plus fort tonnage. Le majestueux palais est fermé et personne ne visite plus ses trois étages de colonnades de métal, façon antique, importées de Glasgow il y a un siècle, qui avec l'ascenseur, émerveillaient les visiteurs du Sultan. Les galeries du palais s'ornent de photos des leaders du Tiers Monde ; Fidel Castro, un des premiers à être venu rendre visite à cette île-sœur d'où le Che pensait partir pour libérer le Congo, figure en bonne place au milieu des documents qui retracent le martyrologe africain, sous la domination arabe. Les succès du parti afro-shirazi sont aussi abondamment illustrés, de l'éducation gratuite pour tous, à la suppression des bidonvilles par l'édification d'une sorte de Sarcelles tropical, à côté de la vieille ville ; tout cela est pourtant bien oublié dans l'atmosphère de crise qui frappe la Tanzanie dans son ensemble, et Zanzibar en particulier, handicapé par les difficultés de communication avec le continent, submergé par une jeunesse au chômage. Sans doute est-ce pour cela que le musée est resté longtemps fermé au public : l'histoire qu'il racontait était trop simple et restait à écrire. Que faire alors de ce bâtiment ?

La fortune de Zanzibar date de 1830, quand le sultan d'Oman qui préférait les affaires à la guerre, quitta l'Arabie pour s'établir dans sa dépendance du sud, et planta des girofliers dans cette île de Zanzibar où la présence arabe est attestée depuis une dizaine de siècles au moins par les fouilles archéologiques. Tout le commerce vers les Grands Lacs passe alors par Zanzibar qui arme et finance les caravanes qui atteignent l'Afrique centrale par Tabora et Ujiji. Mombasa ne peut lutter avec ce puissant voisin ; l'hinterland de ce qui devait devenir le Kenya est alors des plus inhospitaliers et les Masai effraient les traitants. Les routes du sud seront contrôlées par des négociants comme Tippu Tip, dont la superbe maison est aujourd'hui encore visible à Zanzibar, entre le port et le palais du Sultan. Pourtant ce commerce d'esclaves, d'armes et d'ivoire était menacé. C'est à partir de Zanzibar que Livingstone mène ses missions anti-esclavagistes, qui finiront par aboutir à l'interdiction de la traite en 1873 et à l'érection d'une cathédrale anglicane sur le site de l'ancien marché aux esclaves. En même temps Stanley pour le compte du roi des Belges essayait de détourner le commerce de l'ivoire et des armes vers l'Atlantique. Dans un vain effort pour verrouiller cette route, Tippu Tip sera même nommé gouverneur de Kisangani en 1888. Il ne le resta pas longtemps et son retour à Zanzibar marque la fin de l'âge d'or de la traite, quand l'empire commercial de Zanzibar s'étendait jusqu'au centre de l'Afrique. La construction du chemin de fer de Mombasa aux Grands Lacs, à travers le Kenya, devait définitivement détourner de Zanzibar le trafic de l'hinterland. Il restait heureusement les épices et en particulier les clous de girofle, dont Zanzibar était encore en 1914, avec une production de 14 000 tonnes le premier producteur mondial, et quasiment le seul. Les girofliers, amenés de l'île Maurice s'étaient admirablement bien adaptés aux climats et aux sols de l'île ; une économie de plantation dominée par les Arabes s'était mise en place qui avait réussi à surmonter sans trop de dommages la fin de l'esclavage. Aujourd'hui les girofliers ont vieilli, les plantations n'ont pas été entretenues après le départ de leurs propriétaires et cet épice naguère indispensable pour procurer les huiles essentielles en pharmacie et en parfumerie est moins demandé : là aussi la crise frappe Zanzibar.

Le dernier sultan de la grande époque, Saïd Barghash, qui régna de 1870 à 1888 avait pourtant fait de Zanzibar une manière de capitale moderne. Outre son Palais des merveilles, il avait fait amener l'eau potable en ville par des canalisations ; un chemin de fer reliait son palais d'été à la ville sur près de 10 kilomètres. Autocrate libéral – tout est relatif ! – il avait su se montrer magnanime auprès de sa demi-sœur Salomé qui, non contente de se faire engrosser par un négociant allemand, s'était enfuie avec lui, l'avait épousé chrétiennement, devenant ainsi apostate aux yeux des musulmans et avait eu l'audace de revenir narguer ses coreligionnaires en se pavanant à Zanzibar durant une bonne semaine en 1885 : elle était simplement venue réclamer une pension au sultan. Elle était certes protégée par Bismarck qui ne voyait pas d'un mauvais œil la promesse d'une dynastie germano-zanzibarite, en germe dans les produits des amours de Salomé et du négociant allemand. Le sultan Barghash refusa la pension ; Salomé écrivit son autobiographie (traduite en français en 1906 sous le titre *Souvenirs d'une princesse arabe,* réédités en 1990 chez Karthala), continua à réclamer et obtint finalement gain de cause en 1923, d'un des successeurs de Barghash. Aujourd'hui une salle du musée célèbre Salomé dont les jeunes filles voilées viennent contempler les exploits ! Le sultan a aussi laissé le souvenir d'un souverain éclairé, amateur des arts ; c'est à lui que l'on doit semble-t-il l'introduction de la musique égyptienne à la cour, et le succès des orchestres de taarab, cette musique arabo-zanzibarite qui est aujourd'hui un des traits distinctifs de la culture urbaine de Zanzibar. Ces années de la traite et du négoce marquent aussi l'expansion du kiswahili devenu langue véhiculaire de l'Afrique de l'Est, de la Côte aux Grands Lacs. Zanzibar a donné sa langue à cette région de l'Afrique ; le dialecte de Zanzibar est aujourd'hui le dialecte de référence du kiswahili standard, langue nationale de la Tanzanie et du Kenya, parlée et comprise de tous, soit de plus de 60 millions de locuteurs.

La ville ne s'est pas encore remise des événements de 1964 ; la population de la Ville de Pierre qui était de 15 000 habitants a baissé de près de 20 % dans les années qui suivirent avant de revenir se stabiliser autour de ce chiffre qui représente 10 % de la population de la ville de Zanzibar. C'est dans la Ville de Pierre, que résidait l'essentiel de la population arabe, dans des maisons à étages, construites autour d'un patio-puits de jour et dont les parties habitables étaient situées dans les étages supérieurs et sur la terrasse. Ces demeures, types achevés de la maison swahilie, sont aujourd'hui en piteux état ; dès avant la révolution leurs propriétaires arabes étaient souvent ruinés, au profit des Indiens et notamment des Ismailiens, et la révolution n'a rien arrangé. En 1983 une étude des Nations Unies a montré la dégradation du patrimoine bâti de la Ville de Pierre : les maisons commençaient à s'effondrer et dix personnes ont péri sous leurs décombres rien qu'en 1984. Ces deux cents hectares coincés entre le Palais du Sultan sur la mer et Creek Road, aujourd'hui artère commerçante, jadis bras de mer faisant une petite île de la Ville de Pierre, fourmillent de mosquées – il y en a 48 – perdues dans un fouillis de ruelles sombres, prises entre les bâtisses swahili ou indiennes de trois ou quatre étages, aux façades lépreuses. Les demeures abandonnées par leurs propriétaires souvent Omanais ont été squattées, puis nationalisées et louées à leurs nouveaux occupants, souvent venus de la ville africaine, de l'autre côté de Creek Road ; là où il y avait une famille, il y en a aujourd'hui dix qui font chacune la cuisine au charbon de bois. Le tourisme semble être une des seules possibilités de développement de Zanzibar et cette ville arabo-islamique présente des atouts que ni Lamu (Kenya), trop village de pêcheurs, ni Mombasa, trop grand port cosmopolite, ne peuvent offrir ; il fallait donc agir : ainsi a été créée en 1986, à l'initiative des Nations Unies, une Mission de conservation, la *Stone Town Conservation and Development Authority.* La Ville de Pierre n'est pas morte : elle est toujours habitée par une population d'artisans et de commerçants affables, même si leurs activités semblent tourner au ralenti. Deux mille cinq cent édifices ont été répertoriés : un tiers appartiennent à l'Etat, un tiers à des associations islamiques *(Waqf)*, un tiers à des particuliers. L'Etat a, non sans mal, accepté de revendre une partie de son parc immobilier à des particuliers : plus de trois cents maisons sont ainsi retournées, depuis 1986, au marché, souvent rachetées par leurs anciens propriétaires omanais. Mais le prix flambent, à mesure que s'allonge la piste de l'aéroport, qui grâce à un financement omanais pourra bientôt accueillir les gros porteurs de Gulf Air et des autres ; aussi les acquéreurs, censés restaurer leurs anciennes maisons, voient maintenant dans l'arrivée de touristes, voire d'amateurs de résidences secondaires au cachet original, une occasion de faire de bonnes affaires. Or l'Etat ne s'était pas donné les moyens de parer à cette éventualité. Une clause de cinq ans d'interdiction de revente vient d'être introduite dans le cas de privatisation de ces anciens « biens nationaux » : il ne faudrait pas décourager les investisseurs alors que les maisons menacent ruine ! Il faut former les « fundi » – les artisans – nombreux ici, qui ont perdu les procédés et les tours de mains anciens. Où trouver les menuisiers capables de sculpter les portes qui contribuent au charme de ces maisons, avec leurs arabesques enchevêtrant des fleurs de lotus, mariant l'Arabie et l'Inde ? Personne ne sait plus sculpter ces motifs, encore repris en Inde et le gouvernement indien n'a toujours pas fourni le coopérant demandé. Il faut des menuisiers, des plâtriers, des stucateurs. La communauté européenne se propose de prendre le relais des Nations Unies pour la conservation du patrimoine ; l'Ambassade de France envisage de restaurer l'ancien hôpital de la Mission anglicane pour en faire un centre culturel ; les ONG allemandes et scandinaves, très présentes en Tanzanie – or Zanzibar est toujours en Tanzanie, même si certains feignent de l'ignorer –, vont fournir quelques artisans « compagnons » pour former aux anciens métiers du bâtiment les artisans zanzibarites.

Un raz de marée touristique venu du Kenya va-t-il submerger Zanzibar ? Le promeneur a du mal à le croire, qui goûte le charme rétro de noms désuets comme Hôpital Lénine, Stade Mao Tse Tung, ou Lycée Ben Bella. Quelques coopérants aventureux se risquent dans des ruelles fraîches où des barbus tapent le carton, assis en tailleur à l'ombre des mosquées. En cet été la grande affaire est la Coupe du Monde de football ; les résultats sont inscrits quotidiennement à la craie sur un tableau noir, rue de Goa, tout près de la Cathédrale catholique et face à la nouvelle mosquée saoudienne, dont le minaret a la politesse de ne pas surplomber le clocher. La plupart des mosquées sont ici discrètes. Les Ibadites, dont l'empreinte marque l'islam zanzibarite, affectent un égalitarisme de principe : faute de minarets et de mirhabs proéminents, leurs mosquées se fondent dans le tissus urbain. La pause prière à la mosquée du coin fait partie de la vie quotidienne. Quant au *buibui*, cet étrange voile noir venu de l'Hadramaout au début du siècle, les femmes l'arborent avec nonchalance, et même un rien de provocation ; vingt ans de socialisme et d'éducation égalitaire ont émancipé les filles de Zanzibar qui parfois portent des shorts sous leur *buibui*. Dans le quartier de Malindi, près du port, de vieux messieurs arabes parlent encore de « Sa Hautesse » le Sultan avec respect.

L'héritier du trône est aujourd'hui à Oman, d'où il envoie, comme les autres émigrés de l'importante diaspora zanzibarite, des mandats aux membres de sa nombreuse famille demeurés dans l'île.

Zanzibar, « terme alphabétique de l'errance », écrit Alain Borer dans son beau livre sur Rimbaud, faisant allusion à l'obsession du départ à Zanzibar qui se manifeste dans la correspondance du représentant à Harrar de la Maison Bardey. Alain Borer se trompe : Zanzibar n'était pas un terme : c'eût été un début. Rimbaud connaissait Stanley et il savait que tout commençait à Zanzibar pour un traitant d'envergure.

Arrivée du Victoria à Bukoba
(photographie Alain Ricard).

7
CROISIERES SUR LE LAC VICTORIA

Zanzibar était un point de départ ; l'objectif de tous les voyageurs du dix-neuvième siècle était la région des Grands Lacs et ce rêve habite un peu tous ceux qui rêvent devant la rade de Zanzibar ou qui ont eu la chance d'aller jusqu'à Bagamoyo. Le lac Victoria est la « mer Victoria » en allemand. Il est immense et abrite de nombreuses îles. Des cargos et des ferrys le parcourent.

Je voulais aller sur l'île Ukerewe. Depuis ce matin où j'avais rencontré Euphrase Kezilahabi accompagnant une prof américaine dont je fis plus tard la connaissance, qui partait pour l'île des romanciers, les îles Ukerewe. C'est ainsi que j'appris qu'il s'agissait d'un archipel. Euphrase Kezilahabi venait de là, ainsi que le premier romancier en anglais, Gabriel Ruhumbika et enfin et surtout, Aniceti Kitereza, premier romancier en kikerewe et en kiswahili.

Comment y aller ? Air Tanzanie était cher et imprévisible en ces années d'ujamaa chaotique. Je renonçais au vol pour Mwanza et préparais une autre voie. Ce fut une expédition mais je l'avais organisée comme telle. J'avais gardé ma Land Rover, remisée dans un garage à Nairobi. Avec mon ami Pierre, toujours prêt aux aventures, nous traversâmes le Serengeti. Nous avons campé au milieu du parc : en fait le terme de parc est absurde : le Serengeti est un petit pays de cent kilomètres de long sur trente de large. Nous avons suivi le lit de la Gurumeti à sec : elle était censée couler vers le Victoria mais ne devait l'alimenter en eau qu'à la période des moussons. Plus tard sur une carte, j'ai lu que le point où nous avions rencontré le lac, au débouché du Serengeti, était le Golfe de Speke. Est-ce là que venant de Tabora, Speke a pour la première fois vu le lac ? Qu'il fit sa première et décisive expérience barométrique, celle qui le ferait entrer dans l'histoire de l'exploration parce qu'il mesura que le Victoria était situé à une altitude supérieure au Tanganyika ? Ainsi il avait découvert le réservoir supérieur du Nil, en somme sa source. Il avait conquis la gloire mais gagné l'inimitié de Burton qui n'accepta jamais que son second le devance dans les honneurs. Nous n'avons pu aller sur la berge, par peur de nous enliser. Le lac était de plomb, le sable grisâtre, comme les cendres d'un foyer qui aurait consumé animaux et végétaux depuis des siècles. Les îles apparaissaient vaguement dans le lointain à travers la brume, au fond de la baie. Elles semblaient plutôt des morceaux de terre ferme partis, un tout petit peu à la dérive, tant elles s'inscrivaient dans le paysage.

Le seul souvenir est une photo devant la mission où je suis représenté, en compagnie du curé des îles, le père Ferdinand, tenant l'affiche qui orne du portrait de l'écrivain le mur de la mission. Une manière d'inventer le tourisme littéraire. Mon ami Pierre voyait dans cette attitude une bizarrerie de plus, mais il était conciliant. Je pouvais converser en kiswahili, mais je n'ai aucun souvenir du kikerewe : parle-t-on encore kikerewe dans les îles ? Est-ce justement parce que la langue se perd que Ruhumbika a décidé de faire une traduction ? Tout ce monde parle kihaya ou quelque chose dans ce genre : en somme le kikerewe est la langue des îles, mais on se comprend jusque chez les Abaluhia du Kenya. Henry Chakava qui vient de Kakamega, qui se dit marogoli me disait qu'il arrivait aussi à comprendre le kikerewe. On se dit alors que ces îles sont bien centrales, qu'elles ne sont pas si loin qu'elles me paraissaient la première fois que j'en entendis parler !

Nous avions contourné le lac pour entrer dans Mwanza, la grande ville du sud du lac, situé dans une baie parsemée de gros rochers granitiques. Nous avons couché au *New Mwanza Hotel* qui était vide : dans le port on entrevoyait l'un des ferrys qui font la navette avec le Kenya : à quai le soir il avait fière allure. Est-ce celui qui a coulé l'année suivante faisant un millier de morts ?

Le lendemain j'ai pris une carte et vu que le principal port des îles Ukerewe, Nansio, est accessible à trois heures de navigation de Mwanza ; nous avons sauté dans le ferry après avoir laissé la Land dans l'enceinte du port. Cette île n'est-elle pas un peu un lieu d'utopie ! Tout est vert et la population fort nombreuse : elle est faite de réfugiés des guerres des hautes terres : Karagoué, Rwanda, Burundi, Bunyoro. Peu de villages : la Tanzanie socialiste a détruit cette culture villageoise, beaucoup de cases sur les plantations. Nous avons très vite longé la côte de l'Ukerewe : partout des cultures et des bananeraies. Le bateau faisait escale à Nansio et continuait, en contournant l'archipel, vers Musoma et Kisumu au Kenya. Du livre de Kitereza je ne connaissais à l'époque que la traduction abrégée du Père Simard, qu'il introduit ainsi :

« *Ce livre a été écrit par un indigène du centre de l'Afrique... Je lui demandais d'écrire un livre sur les mœurs et coutumes de sa tribu et de son pays, en mettant en scène des personnages fictifs qui agiraient dans toutes les situations et les circonstances qui peuvent se présenter dans la vie ordinaire d'un habitant d'Ukerewe. C'est ce qu'il a essayé de faire et il y a réussi parfaitement. Nous avons dans ce volume un tableau exact de la vie indigène, telle qu'elle était avant la venue des Blancs dans ce pays ; naturellement il ne faudrait pas généraliser car les moeurs et coutumes diffèrent d'une tribu à l'autre. Ici il n'est question que de la tribu des Bakerewe...* » (Simard, sl, 1945 : préface du traducteur).

Le caractère des îles Ukerewe en fait des lieux de refuge certes dominés par un groupe, le clan Silanga, clan royal des Sese, alors que les Wasukuma, les Jita et les Kara participent à la culture de ces îles. Le nom de Bakerewe sera donné au début du XXe siècle. En d'autres termes, les traditions ancestrales du clan royal ont été soumises à la pression des immigrants et aux innovations apportées par les Pères Blancs qui ont façonné au XXe siècle une partie de la culture des lacs. Le but de l'auteur est bien d'inciter à être fiers des traditions communes des Bakerewe, mais il a, selon un anthropologue, spécialiste de ces îles, « brillamment évité de faire de cette histoire un récit “Sese” particulariste, qui aurait montré seulement son clan et sa chefferie sous un jour favorable. Il transcende la diversité ethnique et les particularités des îles, car il a choisi de mettre l'accent sur la famille individuelle, en insistant sur la sagesse pratique et les codes éthiques présents dans la société » (Hartwig 1972 : p. 164). J'ai acheté le livre à Dar, puis je l'ai lu. L'écrivain nous en dit beaucoup plus que missionnaires et anthropologues ne le croient. Il est étrange que dans l'édition en kiswahili figure la photo de l'auteur et de sa femme, seul exemple que je connaisse de cette présentation iconographique oubliée dans les éditions allemandes et françaises qui nous montrent Aniceti Kitereza, tout seul... Pourquoi y avait-il la photo de son épouse ? L'auteur d'une des rares études publiées sur lui, G. Hartwig, remarque qu'Aniceti faisait partie de ces catholiques restés fidèles à leur engagement de mariage malgré ses difficultés à avoir des enfants, « un facteur qui fit s'éloigner de l'Eglise beaucoup de ses collègues christianisés et éduqués » (Hartwig, 1972 : p. 164). Kitereza vivait avec son unique épouse et il ne lui survécut que peu : ils avaient eu quatre enfants tous morts en bas âge. Le livre est aussi une chronique personnelle, celle de Kitereza et de son épouse et en ce sens il a un aspect exemplaire, qui le fait relever de la littérature apologétique. Ce texte peut donc se lire comme une allégorie d'un monde réconcilié, dans lequel le couple est la première cellule de la société, une fiction allégorique catholique, mettant au premier plan les personnes des héros et leur aventure personnelle, dans un cadre concret.

A l'intérieur de l'alliance entre deux clans, conception ethnologique du mariage, la liberté individuelle essaie de faire reconnaître ses droits. La démarche du clan de la femme est simple : victime des quolibets des membres du clan de son mari, l'épouse stérile est ramenée chez elle. Myombekere qui pourrait trouver une autre épouse, essaie sans conviction mais échoue à cause des règles de l'exogamie, il veut retrouver Bugonoka et vivre à nouveau avec elle. Il fête son retour et surtout il va l'aider à vaincre sa stérilité. Le problème de son épouse est leur problème à eux deux ; certes une stricte division des rôles s'opère dans les tâches domestiques, mais c'est ensemble que les époux affrontent la stérilité, ce qui est après tout logique.

Le roman est à mon sens une rupture culturelle et un projet radicalement nouveau ; l'arrivée de l'écriture, de la monnaie, des colons, du christianisme chez les Bakerewe provoque chez certains sujets la mise à distance du mythe. Le chapitre dix-neuf nous raconte le mythe fondateur des relations entre hommes et femmes alors que les autres chapitres nous donnent la version romancée d'un nouveau projet de cohabitation, une nouvelle façon pratique de gérer ces relations à travers l'exemple des deux héros du livre. Au fond peu importe si les Bakerewe sont matrilinéaires ou matrilocaux : je m'intéresse à l'histoire de deux sujets autonomes, qui ne rompent pas avec leur culture, mais nous la présentent dans une configuration, tout à fait adaptable au christianisme. Une lecture ethnologique manque à mon sens la nouveauté de cette histoire. Kitereza en tant que romancier regarde l'avenir, même s'il nous parle des traditions...

La dimension philologique mérite quelques remarques : le texte a été traduit du kikerewe par l'auteur puis retravaillé par M. Mulokozi. Le texte swahili est écrit dans une langue standard qui comprend des emprunts lexicaux au kikerewe, quand il s'agit de nommer les réalités culturelles du lac. Il est en swahili standard mais on entend la version dialectale : un effet de distance acceptée se crée. Ces villageois qui parlent le swahili standard ne sont pas réels mais ne nous gênent pas. En somme ils manifestent la légère composante irréelle de toute langue standard, qui faisait que Kinjeketile (Hussein, 1969) ne parlait le standard que quand il était possédé du démon politique. Ici de nombreux indices viennent nous rappeler que l'original est dans une autre langue. Le texte est donc une manière d'utopie de la fiction. Il rend théâtraux les comportements qui sont vus avec une certaine distance.

L'excès de la taille le signale parmi tous les autres romans publiés en Afrique. Il invite à chercher du côté de l'épopée, dont il fait lui-même usage en insérant des extraits de récitation héroïque. Il y a une dynamique de l'écriture qui emporte Aniceti Kitereza par exemple, dans le caractère rabelaisien des scènes de la fête donnée à l'occasion du retour de la femme de Myombekere. L'empilement grotesque de détails orduriers et scatologiques signale le plaisir du texte. Cette scène est très importante parce qu'elle montre que le comportement de Myombekere est sanctionné positivement par la communauté. Myombekere n'est pas victime d'un déterminisme culturel, mais il n'est pas non plus en rupture avec sa communauté.

Ce monde est celui du village avec son travail, et ses fêtes, avec ses guérisseurs, ses faiseurs de pluie. Il nous est décrit avec un certain ravissement par Kitereza. Nous sommes avant l'arrivée des Européens. En même temps ce monde est aussi un monde concret, épais, lourd, gluant, plein de boue et de bouses : la pastorale ne peut plus s'écrire comme avant : elle a une dimension réaliste, mais non ironique.

Dans ce monde pastoral réaliste les héros vivent comme des paysans et il leur arrive des histoires. Quelle histoire : une histoire d'amour et qui plus est d'amour conjugal ! Ridicule ! Rêve ! Utopie ! Que penser du début du chapitre douze où les époux, couchés ensemble, dialoguent et rient en faisant assaut de prévenances l'un envers l'autre. Nous songeons immédiatement à l'analyse magistrale d'Erich Auerbach sur le dialogue nocturne entre deux époux, topos de la littérature chrétienne médiévale, sur la nouveauté de ces scènes au XVe siècle et le contraste entre la trivialité des propos et certaines attitudes des personnages.

Ils rient tellement que la salive coule ; la couverture qui les protège est toute trempée : « *Hata ngozi ya ng'ombe ya kulalia ya upande wake ililowana, afanye nini !* » (Même la peau de vache qui était sur son côté en fut toute mouillée et elle n'y pouvait rien !)

C'est la femme qui a l'initiative de la parole, alors que l'homme est gêné. Leur entente s'exprime par leur rire que l'auteur ne peut rendre que par de longues séries de « ha ha »... C'est la conjonction entre cette thématique réaliste, qui ne verse pas dans le burlesque, et le récit des aventures des héros qui m'intéresse dans ce premier exemple de fiction longue en prose en kiswahili. Il y a chez l'auteur une forme de passion pratique, de goût du réalisme et en même temps de délicatesse extrême des sentiments.

Sur le bateau, j'ai aussi pensé à l'épreuve que Myombekere s'était vu imposer pour retrouver une épouse que sa famille avait offensé et qui l'avait abandonné : fournir plusieurs jarres de bière de banane. Les ingrédients ne manquaient pas au long de cette côte bien arrosée et chaude. Il faut plusieurs jours pour préparer ce breuvage, creuser des fosses, y enterrer les bananes, les couvrir, les fouler, puis recueillir le jus de fermentation et le verser dans les jarres où il ne se conservera que quelques jours. J'ai bu de cette bière au Rwanda, on l'appelle *urgwagwa.* Joséphine, l'assistante du chef du département, m'en apporta une bouteille de plastique annelé remplie d'un liquide ambré. J'en bus plusieurs verres un matin à Kigali pour le plus grand dommage de mon activité intellectuelle de la journée. Les Rwandais qui sont les voisins des Bakerewe et des Bahaya ajoutent du miel à ce breuvage capiteux, un peu épais, au goût de vin nouveau : cela titre un peu plus de treize degrés et c'est très bon. Je savais que Myombekere avait retrouvé sa femme après cette offrande et je voulais goûter cette boisson, sensible à ce bel exemple de dévouement conjugal. Tout ce qui a trait au mariage laisse rarement indifférentes les jeunes africaines célibataires, comme l'était la belle Joséphine !

Je m'attendais à chaque instant à voir surgir à l'horizon du lac la forteresse flottante dont Stanley nous donne un dessin dans son récit du tour du lac. Il y avait peu de pêcheurs sur le lac. Les Grecs du Tanganyika n'avaient pas encore transféré leurs chalutiers sur le Victoria.

L'escapade à l'Ukerewe nous avait donné le goût des croisières. L'autre navire de la Tanzania Shipping

Company partait le soir même pour Bukoba. Nous décidâmes de tenter notre chance et d'obtenir un passage aller-retour pour l'autre côté du lac, celui auquel on ne pouvait accéder par la route. Mon ami diplomate, avec sa petite jeep Suzuki, passant de mission de pères blancs en mission de pères blancs, avait réussi à atteindre le Rwanda, mais il avait mis le temps. Nous avons pu obtenir des billets d'aller-retour, mais les cabines étaient surchauffées : nous passâmes la nuit sur le pont ou à boire dans le bar. Je me souviens de ma visite à l'immense salle des machines ; le chef mécanicien avait même actionné la sirène pour me faire une démonstration bruyante : eut-il le temps de la faire quelques mois plus tard quand le bateau a coulé ? Pour notre voyage le pont était encombré de véhicules, de ballots de tissus, de sacs de maïs. Dans le bar des premières il y avait des Indiens aux costumes pastels et des Arabes enturbannés à l'air farouche. Au matin nous avons accosté à Bukoba. Un fort sur un éperon rocheux contrôlait la côte. Un peu plus loin, tout près des quai était la brûlerie de café qui remplissait l'atmosphère d'un arôme d'arabica des hautes terres. Le transport des cosses était impossible, alors le café était torréfié sur place, déshydraté, converti en café soluble. La marque, Africafé : Nescafé, à côté, c'était de la chicorée ! Cet arabica extraordinaire, à l'arôme subtil, était pulvérisé instantanément dans les machines de l'usine d'Africafé et vendu en boite dans toute la Tanzanie. Aujourd'hui il a atteint les épiceries de luxe mais il est toujours disponible chez les revendeuses des marchés des Grands Lacs.

Le fort a été construit par Emin Pacha, qui s'était fait une principauté à lui dans la région. Un petit royaume pour un petit pacha. Quelques mitrailleuses, une canonière, et le tour était joué ! Bukoba n'est plus au Rwanda, mais en Tanzanie, du côté du Victoria et non du Kivu ; Bukoba échappe aux Seigneurs de la guerre qui prospèrent aujourd'hui sur l'autre frontière du royaume d'Emin, sur le *Graben*. Nous avons marché dans Bukoba, pris un café au Lake Hotel, en compagnie d'un couple très digne, sans doute des Tutsis fuyant le Rwanda : déjà en ces années il ne faisait pas bon être tutsi là-bas ; lui portait costume et cravate, elle un tailleur ; ils nous regardaient curieusement et je ne pus m'empêcher de penser aux couples juifs fuyant la France par les Pyrénées pendant la guerre. Des existences dignes rattrapées par des tumultes qui parfois les dépassent et les emportent.

Au retour le maître d'hôtel a négocié contre quelques dollars la location de la cabine du second. Les officiers sont restés invisibles et nous avons passé une excellente nuit dans le carré climatisé. Par les hublots j'ai vu aux nombreuses escales, le bateau faire le plein de régimes de bananes dans des ports dont le nom n'est porté sur aucune carte. L'année suivante, j'ai voulu en avoir le cœur net et j'ai eu la réponse sur un timbre : c'est bien le *Victoria*, notre bateau qui a coulé quelques mois plus tard. J'ai songé au maître d'hôtel arrangeant, à l'ingénieur mécanicien si fier de ses machines, aux officiers invisibles. Bukoba est encore un peu plus loin.

Le jardin d'Helen à New Bethesda, 1998 (photographie Alain Ricard).

8
La route de la Mecque

Non pas celle que prit déguisé le Richard Burton qui croyait avoir découvert les sources du Nil. Celle qu'indiquent les étoiles et les pèlerins en ciment d'un jardin merveilleux, caché en plein milieu du Karoo, et dont la créatrice Helen Martins a donné l'argument de la pièce d'Athol Fugard, The Road to Mecca.

Bethesda est une piscine dans la Bible. La Nouvelle Bethesda, au milieu de l'Afrique du sud, est un lieu pourvu de multiples sources. Nous y sommes arrivés sous la neige. La route serpentait depuis la côte : près de trois cents kilomètres que nous avons parcourus, coincés dans l'étroite cabine de la bakkie – le pick up, comme on dit en France –, sur le plateau de laquelle nos valises prenaient la pluie qui avait commencé au franchissement des montagnes. Sur le plateau, le Karoo, il ne pleut jamais : une fois tous les trois ans disent les vieux. Un ciel lavé, pâle, des soleils qui rosissent éperdument l'horizon. Pour y accéder, il faut gravir les défilés qui mènent à Graf Reynet et au Sneuberg. Nous avons laissé le Compasberg et le Sneuberg, qui portait bien son nom, sur la gauche. La route était neuve et la bakkie filait. La nuit tombe vite, vers 18 h 30 et en août il fait froid sur le plateau... Froid, en août, en Afrique ? Nous n'y avions pas pensé, vêtus que nous étions pour une sorte de séjour à la plage, alors que nous partions pour les sports d'hiver. Nous montons en tournant le dos à l'Océan indien : entre Georges, la station balnéaire où nous avions rencontré notre chauffeur devant le supermarché, et le Pôle il n'y a que les îles Kerguelen ! Les orages de l'Antarctique déferlent depuis la côte et s'abattent sur les montagnes alors que les vents décapent le plateau depuis des millénaires. Les mamelons granitiques arrondis évoquent les gravures des ouvrages de Le Vaillant.

Je songe à ces fermiers blancs du Karoo interrogés par Raymond Depardon dans son film, *Afrique, comment ça va avec la douleur ?* (1998). Ils ne savaient où aller ; ils devaient rester, tributaires des rares pluies, sur une terre qui peut à peine nourrir un mouton à l'hectare. Nous étions avec Franck, médecin et blanc lui aussi : il vit de la pharmacopée traditionnelle : il fournit aux laboratoires homéopathiques européens les plantes qui servent à fabriquer de nouveaux médicaments. Il vit à la fois dans la brousse et dans le labo. Il n'était jamais allé à New Bethesda, seulement passé à côté : la route de Bloemfontein traverse le Karoo, avant d'arriver à Craddok et à De Aar. Elle va vers le centre du désert central à travers kopje – collines –, étendues caillouteuses, maigres acacias, euphorbes et de temps en temps, quelques moutons.

Nous avons bifurqué après Middleburg : il restait près de cinquante kilomètres. Nous avions craint de trouver une piste, mais la bakkie filait sur l'asphalte neuf ! A New Bethesda nous attendait Fifi, ma nouvelle Land Rover, avec laquelle nous devions continuer la traversée : objectif l'Atlantique !

Au café la télé était perchée au plafond. Les Métis étaient tous dans un coin, tout le monde buvait de la bière irlandaise pour se réchauffer en mangeant des saucisses, des wurst. Les Boers sont les rois de la saucisse parce qu'ils y mettent des herbes et qu'ils aiment les faire griller dans le style scout qui colore toute leur cuisine.

Nous avions des chambres d'hôte, dans une grande maison, appartenant à une Madame Piennaar (tout le monde s'appelle Piennaar ici) avec une véranda, un *stoep* : la salle commune était glaciale, les chambres aussi mais on pouvait au moins s'y enfouir sous les couettes. Dans la grande pièce trônait une cuisinière en fonte. Il fallait fendre du bois pour l'allumer et la nourrir de bûches avant que la pièce oublie la pellicule de froid qui la recouvrait. Au General Store – *Bethesda Trading Corporation* –, outre les citrouilles et la farine, on vend des bûchettes en sacs plastique. Au Lesotho on utilise du charbon pour se chauffer : les arbres ont disparu : ne restent au long des rues que des eucalyptus, sans doute plantés récemment.

New Bethesda est un gros hameau où il y a de jolies maisons à véranda ; au bout de la rue du General Store un autre bourg, celui des Métis, éloignés des Blancs par l'apartheid. La maison d'Helen Martins est en lisière du village, encore chez les Blancs mais déjà un peu dans le désert. Il y a un tea room, non loin. Et au pied d'une kopje qui domine le village on observe la petite maison d'Athol Fugard. Lui aussi est en lisière du village, mais il est pourtant présent. Il vient deux ou trois fois par an, nous a dit le patron du tea room ; et il est très aimable, il demande des nouvelles des uns et des autres, pas arrogant pour un sou. Le tea room vend des cartes postales et une brochure sur la maison aux chouettes. Après tout, c'est le succès de la pièce de Fugard – *The Road to Mecca* – qui attire les rares visiteurs ici.

Les Métis sont couleur café au lait, beaucoup ont les yeux bridés : tous parlent afrikaans. Le Karoo n'est pas le pays des Bantous, mais celui des Bastards, dont le nom résume un peu l'histoire de la contrée, des Hottentots et des Bushmen, ceux aussi que l'on appelle aujourd'hui parfois les « gens des charrettes ». Plus loin, à Colesberg nous avons vu une exposition sur ce peuple de romanichels de l'Afrique australe : il s'en trouvait parmi eux qui savaient encore parler le san, si j'en crois les légendes des photos : il n'y avait pas d'enregistrement. Helen n'avait comme amis que des Métis. Elle suscitait l'antipathie des gens du lieu, allergiques à ses bizarreries. Elle était sale, son jardin était un dépotoir : les Afrikaners sont des maniaques de la lessive !

Sa maison n'a rien qui attire l'attention. La tôle ondulée épouse la forme des toits, chaque pignon se termine en forme de esse très aplati qui se rejoignent au faîtage. Ce renflement donne de l'air, soit pour entreposer des vivres soit pour laisser un vide climatique. La véranda, le *stoep*, longe la maison et s'abrite sous l'auvent que forme le rebord de la toiture : elle est fermée par une paroi de tôles ondulées. Des euphorbes décorent la terrasse légèrement surélevée ; sur le sol court une vague en ciment dans laquelle flottent des flocons de neige dessinés à même le sol. De la rue, on devine le jardin et tout un petit peuple de créatures étranges, à travers un grillage de poulailler partiellement doublé d'une haie de cactus menaçants. Des pèlerins conduisent des chameaux en ciment vers un sanctuaire en forme de mosquée. Ils serpentent à travers des nymphes aux jupes en bouteilles de coca cola, quelques pyramides surmontées de chouettes, évitant les palmiers. Il est difficile de se retourner dans ce jardin encombré des rêves d'une humanité voyageuse et exotique. Les quatrains d'Omar Khayyam peints sur le ciment surmontent une nativité. Les mains de Koos et de Peter ont donné forme aux rêves d'Helen. A l'intérieur de la maison elle a inventé sa propre décoration à base d'enduit de verre pilé. Les couleurs sont magiques : vert turquoise, rose tendre, rouge fuchsia, jaune bouton d'or, havane, tilleul. Le soir il faut allumer les rares lampes pour recevoir ces éblouissements râpeux : ne pas toucher pour ne pas se blesser ! Il y a une âpreté dans cette décoration pauvre et splendide. La vie ici n'est pas que pastel : elle est aussi éclairs et tornades.

Il n'y a rien dans ce pays, que des cailloux et parfois quelques maigres sources. Il faut rouler des heures avant d'entrevoir une ferme. Sur les coteaux on entend le ronflement des éoliennes, dressées comme des squelettes de moulin, attendant quelque Don Quichotte virtuel qui les ferait taire. Elles alimentent des pompes qui vont chercher l'eau sous la croûte du plateau. A qui appartient cette mémoire ? Une culture coloniale n'a pas de mémoire, écrit le préfacier de *l'Histoire d'une ferme sud-africaine* d'Olive Schreiner. Il a raison : le sujet colonial, comme le sujet colonisateur, vit dans l'étrangeté à soi-même. C'est au Cap que j'ai rencontré Albert Memmi venu découvrir ce qui restait d'un monde qu'il avait si bien compris. Helen Martins avait choisi la route de la Mecque pour accomplir son pèlerinage intérieur. Athol Fugard a entrepris d'explorer ce petit coin du désert sud africain d'où il venait – il est né à Middleburg. Dans l'étrangeté d'Helen, il y avait une source de renouveau. Aujourd'hui les touristes viennent à New Bethesda. La vieille folle a fait des adeptes ! Ou plutôt le vieux monde qui s'en est allé avec la fin de l'apartheid était encore plus fou qu'elle. Cela le dramaturge l'avait compris avant les autres.

9
L'interprète de Mafeking

En 1994, j'ai traversé en voiture l'Afrique du sud, peu avant les élections qui devaient porter au pouvoir Nelson Mandela. Partout j'ai été accueilli avec enthousiasme, comme signe avant-coureur des futures vagues de touristes qui devaient apporter la prospérité à la nouvelle Afrique du sud. C'était un étrange sentiment que de voir la géographie de l'apartheid fondre sous les yeux. J'ai vu Bisho, la capitale du Ciskei, les statues du « Petit brigadier » et j'ai pensé furieusement à Lama Kara, la ville chérie d'un général de nos bantoustans à nous, qui a marqué sa génération. J'ai vu aussi la dernière conquête de l'armée sud africaine. C'était Mafeking, au Bophuthatswana, la ville que jadis les Boers n'avaient pas pu prendre et dont Solomon Plaatje, nous a décrit le siège.

Le 11 octobre 1899 commençait la guerre anglo-boer. Dès le 14 les troupes du général boer Cronje mettaient le siège devant Mafeking, qui est aujourd'hui, avec son faubourg Mmabathu, la capitale de la nouvelle province sud africaine du Nord-Ouest. C'est là que Nelson Mandela a prononcé l'un des derniers discours de la campagne électorale, au cœur de ce qui était, jusqu'en avril 1994, la capitale du « Bop », l'ex-bantoustan du Bophuthatswana. Je l'ai visité en mai de la même année.

Mafeking – les rochers en setswana – était le site d'un gros village des Tshidi Barolong, clan tswana, avant qu'une gare ne s'ouvre sur la ligne de chemin de fer qui reliait la ville des diamants, Kimberley, à cet autre eldorado, la Rhodésie. Vers l'ouest la steppe tswana annonce le Kalahari, alors qu'au nord les pistes passent entre le Limpopo qu'elles laissent poursuivre son cours à l'est et le delta de l'Okavango qui alimente le Zambèze : en saison de fortes pluies les cours d'eau du delta se déversent dans les chutes Victoria. En 1885 Mafeking devenait capitale de la colonie du Bechuanaland et du Protectorat du même nom (l'actuel Botswana). Une garnison fut établie en ce point qui se trouvait au carrefour de la voie de chemin de fer et de la route reliant le Sud-ouest africain allemand à Prétoria. Plus de cinq mille Noirs et mille sept cents Blancs y vivaient à la fin du siècle.

Soixante-dix ans après le siège, en 1969, était découvert à Mafeking dans la maison d'un des chefs des Barolong, S. Molema, le journal de l'interprète officiel du tribunal, Solomon Tshekisho Plaatje, lui-même Morolong (sing. de Barolong), interprète officiel pour le setwana, le sesotho, l'afrikaans et le xhosa. Tenu d'octobre 1899 à mars 1900 ce texte offre, suivant les propres termes de son inventeur et éditeur, l'anthropologue John Comaroff, « le regard d'un Noir sur une guerre de Blancs ». Les Barolong savaient que l'enjeu de ces combats les concernait : ils avaient déjà lutté contre les Boers près de vingt ans auparavant lorsque ces derniers avaient accaparé leurs parcours d'élevage, et réclamé des impôts, en inventant une de ces « républiques coloniales » qui fleurissaient là où les colons boers voulaient se défaire de la tutelle britannique, la république de Goshen. Les Barolong savaient qu'ils n'avaient pas grand chose à attendre des Boers. Ils les avaient pourtant accueilli avec amitié, en 1837, lors de la grande migration vers le Nord des « traceurs de l'avant », les « Voortrekkers » ; Plaatje, qui fut aussi le premier romancier noir anglophone de l'Afrique du sud, raconte cet épisode de l'histoire de son pays dans son roman *Mhudi* (écrit en 1919, paru en 1930, réédité en 1978, traduit en français en 1997).

Les troupes boers devaient demeurer huit mois devant Mafeking, pendant lesquels l'Empire britannique se passionna pour la défense de la ville, en lisant les dépêches des correspondants de guerre. Le défenseur de Mafeking, le colonel Baden Powell, fut considéré comme un héros en Angleterre après la guerre. Le nom de la ville devait même devenir un nom commun pour exprimer la joie : « *to maffick* », « faire la fête », comme à l'occasion de la levée du siège, le 17 mai 1900. Enfin la légende dorée du scoutisme fait remonter au siège l'idée d'une organisation paramilitaire des adolescents, à l'image de ce que Baden Powell avait fait avec la population de Mafeking...

Dès le début de la guerre, le siège mobilise des forces importantes : dix mille Boers assiègent les mille cent Anglais du régiment du Bechuanaland et leurs supplétifs africains. L'un des objectifs de Baden Powell est ainsi atteint, puisqu'il s'agit d'abord de détourner les Boers d'attaquer immédiatement le Natal et Durban, où les Anglais sont en situation de faiblesse et risqueraient de perdre le contrôle du port, vital pour la poursuite des opérations. Les premiers mois la guerre reste « civile » : les hostilités cessent le dimanche pour le cricket et les services religieux. Baden Powell fait creuser quatre cents abris, quinze kilomètres de tranchées, installe des téléphones, et attend l'assaut. Il a lieu le 30 octobre : les Boers attaquent le « kopje » le tertre sur lequel se trouvent un canon vétuste et quelques mitrailleuses. La bataille est rude, mais les assaillants sont repoussés. Cet assaut fut le tournant du siège ; le 19 novembre le général Cronje se retire avec la plus grande partie de ses troupes, laissant cependant un énorme canon, de fabrication française, qui se chargea tout au long des six prochains mois de rappeler leur sort précaire aux assiégés. Sur les mille cent défenseurs de Mafeking, deux cent trente-trois furent blessés et parmi eux cent quinze périrent. Les obus de « Big Ben », le canon français à la régularité d'horloge, ne font pas de discrimination raciale. Ils rythment le journal de Sol Plaatje qui témoigne de la terreur qu'ils inspiraient : ils tombent, toujours vers 7 heures du soir, un peu au hasard et ricochent n'importe où, tantôt dans l'hôpital, tantôt à proximité du tribunal, tuant parfois, entretenant en permanence un climat d'angoisse qui n'aura pas raison de la détermination des assiégés. Baden Powell s'y entendait autant pour soutenir le moral de ses troupes que, plus tard, pour faire sa propre publicité ! La guerre se durcit en 1900 : le rationnement devient sévère et les assiégés en sont réduits à manger les chevaux, ce qui choque notre auteur, en bon Morolong anglicisé, et fait ricaner les détracteurs de « BP », ce « colonel de cavalerie qui creuse des tranchées et mange ses chevaux », en guise de plan de bataille !

Les Barolong ont droit à du grain, mais la viande est d'abord rationnée pour eux avant de l'être pour les Blancs, comme le remarque acidement l'interprète. De plus la ville a accueilli plus de deux mille réfugiés africains (Zoulous, « Zambéziens »), qui constituent une charge, car eux, à la différence des Barolong, ne peuvent compter sur leur bétail. Le traitement que Baden Powell réserva aux Africains en général, et aux réfugiés en particulier, a donné lieu à une vive polémique, dans laquelle le commandant de la place fut accusé d'avoir affamé la population africaine pour nourrir les Blancs. Une biographie récente rétablit les faits dans leur complexité : si Baden Powell n'était pas un militant de l'égalité raciale, il n'était pas non plus l'affameur raciste que certains ont voulu faire de lui. Sol Plaatje remarque à plusieurs reprises les différences de traitement entre Blancs et Noirs, mais note surtout combien le manque de nourriture était le lot commun. Une autre polémique avait surgi peu après la fin de la guerre et portait sur la nature des efforts demandés aux Africains : avaient-ils eu un rôle offensif et pas seulement défensif ? Avait-on eu recours à des « Indigènes » pour attaquer les Blancs ? Avec lucidité le jeune Sol Plaatje – il n'a que vingt-trois ans – pose clairement le problème dans son journal :

« En général la question indigène a toujours été depuis l'abolition de l'esclavage, la plus grave question du moment... Le présent siège ne fait pas exception et j'ai décidé de citer la lettre suivante, qui est de notoriété publique :

"le 8 décembre 1899

Baden Powell au Général Snyman,

Vous vous plaignez d'attaques des Indigènes... Laissez-moi vous dire, en tant que Blanc s'adressant à un autre Blanc, que les Indigènes sont exaspérés de vos vols de bétail et des incendies de leurs fermes. Ils se disent neutres à l'exception des Barolong de Mafeking qui ont à se défendre devant votre invasion. Je dois vous prévenir que les Indigènes pensent à d'autres actions si vous continuez à occuper leur territoire. Avant le début des hostilités le Haut-Commissaire a ordonné aux Indigènes de se tenir tranquilles et de ne pas prendre les armes, sauf si leur territoire était envahi, auquel cas ils auraient parfaitement le droit de se défendre." » (Plaatje, 1989, p. 50).

Dans cette réponse à Snyman, le général boer qui avait succédé à Cronje, Baden Powell ne cache pas que la légitime défense est un droit des Africains, et il a une conception assez large de ce rôle. Il cherchera à la fin des hostilités à faire décerner une décoration (la Victoria Cross) au chef des Barolong, mais se verra répondre par l'Administration impériale britannique qu'un certificat suffit largement à contenter ces Indigènes... Ces hésitations, la nécessité de compter avec la population indigène, de négocier avec les Barolong, de ne pas se comporter en conquérant arrogant, donnent l'espoir à Sol Plaatje d'une évolution positive pour les « évolués » comme lui. Il sait qu'il a sa place dans l'Administration du Cap : le tribunal civil ne chôme pas. Plaatje doit par exemple interpréter dans une affaire de vol entre deux dames afrikaner ; la voleuse s'est trahie par ses achats et il remarque avec une pointe de condescendance « qu'il s'agit d'une famille afrikaner de *mahlwembu* (« nécessiteux » en xhosa) ».

Le petit interprète deviendra le premier secrétaire de l'ANC fondée à Bloemfontein en 1912, et surtout l'avocat lucide et infatigable de la cause des Noirs, tous spoliés par la loi foncière de 1913, qui attribuait 87 % des terres à 13 % de la population. « Nous sommes devenus des parias sur notre propre terre », écrivait-il en introduction à son livre *Native Life in South Africa* – toujours inédit en français, paru en 1916, alors qu'il s'agit d'un grand livre, lucide et émouvant. Sa maison, 32 Angel Street à Kimberley, dans cette Colonie du Cap dont le statut lui tenait tant à cœur, est devenue un lieu de tourisme littéraire.

Ce qu'il avait vu chez les Barolong l'avait édifié et il avait compris que le pire allait venir. L'alliance avec les Britanniques à laquelle il avait cru, et dont il avait vu dans la commune défense de Mafeking une préfiguration, ne résista pas aux dures réalités de l'impérialisme. Les droits civiques accordés aux Noirs dans la province du Cap demeurèrent en sursis après la création de l'Union Sud Africaine en 1910 : ils faisaient presque de Plaatje un citoyen, en tout cas un sujet dont les politiciens blancs courtisaient les votes dans les élections locales. Cette « franchise » du Cap, ces droits civiques, n'étaient-ils, comme l'entendaient les Boers, que les résidus d'une époque révolue, celle dans laquelle Livingstone et Moffat évangélisaient les Batswana sous la férule bienveillante de la Reine Victoria ? Étaient-ils, au contraire, les premiers signes d'une participation noire à une Constitution dans laquelle chaque homme aurait une voix ? Plaatje voulait croire que tel était le cas ; il venait trop tôt, mais il avait vu juste. Misère et violence furent les conséquences de la loi foncière et de la division raciale de l'espace. Ce que Plaatje n'avait pu prévoir, par contre, c'est que les successeurs de l'armée boer, la SADF (la *South African Defense Force*), devaient entrer en libérateurs à Mafeking-Mmabatho en mars 1994 pour mettre fin à la pseudo-indépendance du Bophuthatswana et à la tentative de putsch de l'extrême-droite blanche. « Les Boers nous colonisent » me disait, sans rire, le directeur anglais du Musée officiel du Bophutatswana, croyant susciter en moi une indignation que je n'arrivais pas à feindre.

Ainsi s'achevait, au moins sur le papier, le régime des Bantoustans, conséquence ultime, de la séparation inique des terres décidée en 1913. Pour la première fois l'espace du pays devenait homogène : la lutte de Plaatje et de ses successeurs avait été longue, mais n'avait pas été vaine.

10
DANS LE MACINA , EN ROUTE VERS TOMBOUCTOU

Christiane Seydou dans sa Bibliographie générale du monde peul *(Niamey, 1977), dont je possède un exemplaire depuis plus de vingt-cinq ans, consacre plusieurs références à Heinrich Barth. Le voyageur allemand donna sept grammaires de langues africaines, y compris un travail sur la langue des Peuls. Venant de Kano et de Sokoto, il avait traversé le Macina, auquel Christiane Seydou a consacré un beau volume d'anthologie et de traductions,* Bergers des mots (1991*). J'ai eu la chance de suivre littéralement les traces de Barth à l'occasion du colloque et de l'expédition organisés par la* Deutsche Gesellschaft für Technische Zusammenarbeit (GTZ) *pour célébrer le 150e anniversaire du séjour à Tombouctou de Heinrich Barth en 1854. Nous avons roulé dans le Macina, puis navigué jusqu'à Kabara. Les belles traductions de Christiane Seydou évoquent ce pays et ce monde peul que je découvrais.*

Arrivés à la nuit, dans la poussière et les cris, nous avons bivouaqué à Sareyamou, où Barth avait fait étape. Les chameaux galopaient, les chevaux se pressaient, partout des couleurs : bleu, jaune, rose. Une fantasia pour Barth, pour la GTZ ! Le maire nous a accueilli par un discours en français qu'il a lu avec application. Puis il y a eu le griot, ce « louangeur braillard », dit un poète du Macina, avec justesse. Il était tard, il faisait nuit. Nous ne savions pas que nous étions au bord de l'eau. Un village de tentes champignons a poussé au bord du fleuve sur une dune. La nuit était fraîche, il n'y avait pas de moustiques

La coopération allemande pompe l'eau du fleuve pour alimenter les mares, elle a construit des barrages simples et efficaces pour retenir les eaux dans la mare de N'Gouta au moment où le niveau du fleuve descend.

La GTZ a une flotille de pinasses et une autre de 4 x 4 Mercedes. Nous nous sommes embarqués sur la pinasse à Sareyamou. La pinasse a fond plat est une pirogue à moteur « hors-bord », en fait passé par un trou de la coque, d'où la nécessité pour l'un des marins de continuellement écoper... Sur le Bassin d'Arcachon, les barques qui portent le même nom ont un moteur central et un arbre d'hélices, elles ont aussi un fond plat pour naviguer dans les parcs à huître. La flotille longe les « bourgoutières », ces hautes herbes qui poussent dans l'eau et deviennent prairies et paturages pour les bovins et les chevaux quand le fleuve se retire.

« Il me serait difficile de donner au lecteur une idée de la joie que j'éprouvai en me mettant en route sur le fleuve. Sortant du vaste bassin de Sarayamo [*sic*, le village du fleuve en peul, NdA] nous nous dirigeâmes tout à fait vers le Nord-Est... » (Barth, III, 322).

La pinasse compte cinq rangées de sièges, qui peuvent accueillir chacune trois passagers. Un auvent bloque le soleil. A la proue, un navigateur indique la voie. Le convoi de pinasses suit le bateau de tête qui arbore un étendard que nous voyons émerger des marais au devant, ou parfois à côté de nous, sur un chenal parallèle, tant la bourgoutière est labyrinthique. Nous suivons tant bien que mal, « l'encombrement des hautes herbes ne nous permettait plus de ramer, mais nous obligeait à faire marcher le bateau à l'aide de longues perches. Ces herbes... sont le principal fourrage pour les chevaux et le bétail dans toutes les contrées riveraines du Niger. » (Barth, III, 322).

Nous n'avons pas eu la chance d'être distraits par un hymne, « barbare, mais non dépourvu de mélodie » (Barth III, 323), célébrant les hauts faits du grand roi songhai, Askia, comme le fut le savant allemand.

Barth était parti de ce même village pour gagner Tombouctou. Nous avons navigué sur les mares bien en eau, « ces lacs bordés de mil sauvage » (Seydou, 1991), avant de rejoindre des bras morts du fleuve et de retrouver le cours principal. Nous faisons halte pour le déjeuner. Nous serrons la main de tous les notables alignés. De jeunes Touaregs superbes dans des boubous roses me montrent leurs épées. Ils ont des chevaux. Harnacher et nourrir un cheval, cela demande beaucoup d'argent. Goût des jeunes hommes pour ces attributs martiaux. Je songe aux Masai, avec leurs arcs. Les Touaregs et les Masai échappent encore à l'empire des « fripes ». Nous sommes chez les Kel Tawtala. Des tentes ont été dressées dans ce qui fait un peu cour d'école. Les tentes touaregs, en peau de chameau, sont très basses. Des claies de bambou, des écrans de tapis bloquent le vent, assez fort. On nous sert de l'agneau, des dattes, du lait caillé. Nous mangeons à même le plat. Une théière et une vasque circulent : nous nous lavons les mains. Sur le côté, un brasero réchauffe l'eau. Bourrées jusqu'à la gueule, des petites théières passent entre les convives. Pas de pâtisserie, mais un excellent thé vert, sucré, dans lequel la menthe donne ce qu'il faut d'amer au sirop. Un pain qui rappelle les galettes libanaises : est-ce de la farine de blé dur ? Barth donne les noms haoussa des plantes : il a vu le pays peul avec des lunettes haoussa, remarque Paolo Farias, le plus savant d'entre nous. « Ils ont bu et d'en haut contemplé lacs, dunes et chevaux... » (Seydou, 1997, p. 93).

L'arrivée sur le cours principal du fleuve est un moment unique, le cours s'accélère, les berges s'éloignent, elles sont à un ou deux mètres au-dessus du niveau de l'eau. Des villages sont bâtis au bord de l'eau, des maisons donnent sur le fleuve. Je pense aux mois où le débit est faible, où les pluies du Fouta ont cessé. Comment réguler le cours de ce fleuve que Jean Rouch aimait tant : je comprends la passion de sa vie pour la première fois. La GTZ contrôle l'irrigation de sept mille hectares, chaque hectare donne cinq tonnes de riz, cela fait beaucoup de riz et de quoi nourrir plusieurs dizaines de milliers de personnes pendant un an. Les mares laissent place à des rizières et à des champs quand l'eau s'est retirée. Les droits de culture sont donnés par les villages. Il y a de la place pour les nouveaux arrivants, nous dit le chef du village. Le pays produit aussi du coton, bien au-delà du prix mondial et rien n'est prévu pour le transformer sur place. L'avenir du Mali se joue dans cette lutte entre le désert et le fleuve. Depuis des siècles, le désert semble gagner la partie. Les maisons et les mosquées s'ensablent.

« Pour mes sandales, terre poudreuse
Et pour mes yeux, c'est nuée de poussière »
(Seydou, 1997, p. 95).

Heinrich Barth a passé huit mois à Tombouctou. Il vivait dans la maison d'El Bekaye. Sortait-il en ville ? Allait-il à des mariages, à des funérailles ? Ou au contraire se calfeutrait-il, armé jusqu'aux dents, dans la crainte d'une irruption des Peuls, qui avaient coupé le cou de Laing et fait si peur à Caillé ?

De la terrasse de ce qui est aujourd'hui la maison de Barth, bien qu'elle appartienne à la famille Bekaye, on voit la ville. Traverser la rue incognito est difficile. On peut certes se voiler, s'enturbanner, s'enfouir dans des boubous, retrouver cette joie du déguisement oriental, subtile introductrice du romanesque. Imaginer Barth cloitré est difficile ! Et dans la maison que fait-il, avec qui parle-t-il ? Ce Bekaye avait-il des filles ? Où étaient-elles ? Il n'y a pas de harem à Tombouctou, et il n'y a pas beaucoup de filles dans les rues mais elles doivent être dans les maisons et Barth devait être un bel objet de curiosité !

Peut-être même eut-il quelque aventure ? Songeons à sa presque contemporaine, la princesse de Zanzibar,

Salome Ruete, qui quelques années plus tard, filait le parfait amour avec un négociant allemand et s'échappa avec lui pour se faire apostate, en passant par les terrasses... Barth le célibataire, le jeune homme qui devint vieux garçon, n'était pas indifférent au charme du beau sexe. Chez les Kunta de Bekaye, Arabes berbérisés, des sortes de Bédouins, la femme se teint les pieds au henné, les poèmes d'amour fleurissent au son du luth : que faisait donc Barth le soir sous les étoiles ? Nous avions avec nous l'arrière petit-neveu de Barth ; il était sur la terrasse où son aïeul siégeait, nous avons fait des photos. La chorale Barth arborait sur ses fières poitrines un portrait sérigraphié du héros du jour. Les choristes n'avaient pas trop l'air de savoir qui il était. Ils avaient reçu le tee-shirt la veille...

A Tombouctou, partout au coin des rues, voire devant les maisons, des sortes de guérites, construites en pierres plates, recouvertes de banco dans lesquelles brûlent en permanence des charbons de bois. Les boules de pâte y sont introduites et sortent à la fois moelleuses et craquantes. Il y a en a partout, et les boulangères s'activent une bonne partie de la journée. Surprise que ce pain de Tombouctou ! Clé sans doute du pouvoir de la ville : sans elle, les Touaregs n'ont rien à manger. Nous visitons le marché, dans une sorte de halle fort bien tenue. Des orfèvres, des bijoutiers, des tisserands et même un cordonnier qui me fait sur mesure et pour le soir même des babouches à semelle en peau de chameau. Dans une maison, nous entrevoyons une photo de Chirac ; je me dis ce doit être un héros ici, il a maté les côtiers et il vaut mieux son portrait que celui de Ben Laden... Le monument de la paix se dresse en lisière de la ville. Au-delà plus rien, sinon du sable et des tentes. Des enfants jouent sur le parvis. Ils sont de toutes les couleurs. Il y a Zidane, Beckham, Ronaldo... Les satellites apportent le championnat européen jusqu'ici. Zidane est aussi surnommé Saddam me confie son copain. La flamme de la paix est déposée dans un coin. Une tempête a eu raison de la cime du monument. Le projet allégorique est complexe. Un seuil amène au tombeau des armes, un tumulus de ciment dans lequel sont prises les crosses à demi-brulées de fusils mitrailleurs. Deux murets devraient recueillir les noms des participants au processus de paix. Le parvis, qui sert de terrain de foot, est surmonté d'une sorte d'arche à quatre piliers censés représenter les groupes qui ont œuvré pour le processus de paix. Je n'arrive pas à savoir qui sont les groupes. Le monument est un échec, mais la paix règne. J'aime l'idée des murs, mais elle n'a pas la simplicité du monument aux morts du Vietnam à Washington, dans lequel on entre peu à peu pour finir pris dans le silence. Peut-être qu'ici rien n'est tout à fait clair ? Peut-être la page n'est-elle pas vraiment tournée, à la différence de ce qui s'est passé en Asie ? Sait-on où l'on va ? Il est difficile de réussir ce genre de monuments aux guerres passées. Qu'avons-nous fait pour l'Algérie ? Nous ne savons construire que des arcs de Triomphe !

Le dernier soir, nous étions sur la dune pour partager un méchoui. Au sol des tapis, des torches éclairaient notre aire de repos et de repas ; nous nous étions couchés sur des coussins, il faisait bon, dans un coin un luth et un tambour rythmaient les chants d'un groupe de femmes touaregues couvertes de henné.

Barth ne sortait de Tombouctou que pour accompagner El Bekaye sur la dune ou à la chasse. Nous avons eu un petit aperçu de ces escapades !

A Tombouctou, quelques hôtels en béton des années cinquante. Il y a colombe 1 et colombe 2. Colombe 1 a une terrasse pour le petit déjeuner, colombe 2 une terrasse pour le dîner. Les chambres sont vastes, les plafonds hauts, des brasseurs d'air tournent, des climatiseurs ronronnent, inutiles en cette saison. Tout brinquebale, mais tout marche chez nous : nous avons de la chance !

Le colloque a lieu au Centre Ahmed Baba. Il y a encore de jeunes chercheurs capables de lire les anciens textes voire d'en repérer de nouveau. Nous ne verrons pas les manuscrits pour d'obscures raisons de protocole. Tous les érudits et notables de la ville suivent les débats. Le mot de tolérance revient sans arrêt dans leur bouche. Le séjour de Barth prouve la vocation de ville accueillante de Tombouctou, carrefour anciens des caravanes et des religions, arène des luttes entre Peuls et Touaregs. Les poètes du Macina ne sont pas tendres pour les hommes du désert : « Tristes sires qui vous abritez sous des tentes, qui vous voilez la bouche de linon noir » (Seydou, 1997, p. 93).

Nous sommes avec Gerd Spittler qui a écrit plusieurs livres sur les Touaregs du Niger. Les Confédérations sont très séparées. Gerd fréquente les Touaregs depuis des décennies. Il a une maison à Timia, à 150 kilomètres d'Agadez et à 1 200 kilomètres à l'ouest d'ici. Il faut plusieurs jours pour la rejoindre depuis Agades ou alors il faut louer un avion qui coûte plus que le passage de l'Europe jusqu'au Niger... Le tourisme d'Agadez se développe : le henné va bénéficier d'une appellation contrôlée ! Mamadou Diawara a tout magistralement organisé : il est malien et allemand et directeur de l'Institut Frobenius. Barth aurait été content !

La Junta de Andalucia, la Région d'Andalousie, aide à financer une autre bibliothèque. Les manuscrits circulaient entre Cordoue, Grenade et Tombouctou au XVe siècle. Si l'on sait lire ces textes – et le prix d'entrée pour cette connaissance est élevé : paléographie arabe, écritures ajami des langues africaines – l'on peut identifier des signatures ou des ex-libris significatifs : « J'ai ramené ce manuscrit de Tolède au XVe siècle », écrit l'ancêtre de Mahmoud Kuti. Ces textes, ces papiers donnent encore aujourd'hui une réalité à cet espace médiéval islamique. Paolo Farias, professeur à Birmingham, vient de Bahia. Il sait lire ces manuscrits : pour lui, les pierres et les peaux parlent. Elles racontent la lutte des élites du Macina, les émirs de la steppe, contre les notables de la ville, avec leurs bibliothèques et leurs marchés. Tout au long du fleuve, cette lutte s'est poursuivie pendant des siècles. De loin, sur leur falaise, les Dogons ne se mêlaient pas trop de tout ça ; quant aux Songhai, dont Barth a donné une étude encore aujourd'hui passionnante, ils étaient certes musulmans, dans leurs dynasties, mais surtout grands bateliers, grands capitaines, grands transporteurs, grands magiciens. Jean Rouch a fait vivre et revivre les génies de leur fleuve, descendus jusqu'à la côte.

Barth était au carrefour de deux disciplines, la philologie et la géographie, qui ont, au milieu du XIXe, renouvellé notre connaissance des langues et de l'histoire et fondèrent à leur manière l'orientalisme. Il était géographe comme Alexandre de Humboldt et philologue comme Guillaume de Humboldt. Cette alliance se poursuivit dans la lignée des fondateurs de l'africanisme qui traduisirent les manuscrits de Tombouctou. L'ethnologie nous invita à un retour au monde d'avant les Tariks, fascinée par les gens des falaises, comme si ces derniers n'avaient jamais rien entendu du monde ! Quant aux Songhai, qui firent le premier rêver Barth, ils attirèrent les regards vers l'Orient du désert. Tombouctou, et le Macina, n'étaient pas en marge de l'histoire mais au contraire aux premières loges. C'est encore le cas : une autre route de la Mecque commence ici !

Hilda Kuper et Sobhuza
(collection particulière).

11
UN AMI DE MANDELA

Dans la semaine qui a suivi l'investiture de Nelson Mandela, le Sunday Nation *de Johannesburg publiait ces lignes dans la rubrique nécrologique de Léo Kuper le 29 mai 1994 :*

« Venu d'une famille juive qui avait fui l'antisémitisme tsariste, bachelier à quinze ans, il devenait avocat et épousait Hilda Beemer. Malgré son pacifisme, une constante dans toute sa vie, il se sentit moralement obligé de s'engager pendant la deuxième guerre mondiale. Démobilisé il décidait de devenir sociologue et recevait son doctorat à Birmingham en 1952. En 1953 il devenait professeur de sociologie à l'université du Natal à Durban. Dans les huit années qui suivirent il donna deux études essentielles sur l'Afrique du sud : Passive résistance in South Africa, *et* An African Bourgeoisie. *Pendant cette même période il fonde le Parti libéral au Natal. D'après la tradition familiale*

c'est chez lui que Nelson Mandela se serait réfugié alors qu'il était en fuite après le procès de Rivonia. »

J'ai eu la chance de suivre les cours de Léo Kuper et de m'entretenir pendant plusieurs années avec lui, de 1967 à 1975. Je ne savais rien de sa vie sud-africaine, sauf qu'il était, comme tant de victimes noires de l'apartheid, lui aussi un exilé. Je savais qu'il avait écrit une sorte de classique de la sociologie des relations raciales, *An African Bourgeoisie*, publié par Yale University Press, dans lequel il montrait que l'émergence d'une classe moyenne est la meilleure façon de réduire les tensions raciales. Ce qui arrive aujourd'hui en somme ! Il avait aussi écrit un roman, *A College Brew*, dans lequel il faisait, à sa manière discrète et pleine d'humour, une satire des intellectuels et de la vie de campus. En Amérique, il était à Los Angeles, l'héritier d'une longue série d'exilés prestigieux : Schoenberg avait enseigné au département de musique et le Santa Monica de Chaplin et de Jean Renoir était à cinq minutes de la maison de Leo et Hilda à Westwood. J'ai aussi compris plus tard pourquoi il se trouvait bien à Los Angeles : Durban a des palmiers, un climat tropical, des plages de sable, du surf, une architecture moderne, en somme un petit air de Californie du sud – si l'on oublie les townships.

Dans nos entretiens hebdomadaires il me conseillait des lectures et je lui parlais en français. Il savait mon intérêt pour le théâtre et me conseilla de lire la pièce d'Athol Fugard, *The Blood Knot* (*Les Liens du sang*), qui raconte les destins parallèles de deux frères classés dans des catégories raciales différentes par le régime d'apartheid. Tout cela m'avait paru un peu trop extravagant et je ne suivis pas son conseil. J'avais tort : le régime sud-africain était encore plus bizarre que l'intrigue de Fugard ! Il était professeur de sociologie et sa femme Hilda professeur d'anthropologie. Il était mince, avait le teint mat, les cheveux argentés et un charme élégant émanait de sa personne. Hilda était plutôt boulotte, expansive, jouait le rôle d'une mère juive chaleureuse. Elle était d'autant plus originale que sa sollicitude s'exerçait en grande partie à l'égard du Swaziland, ce qui avait un côté tout à fait loufoque pour moi, qui aurait eu beaucoup de mal à situer ce royaume d'opérette sur une carte de l'Afrique. Je suivais leurs séminaires de doctorat. Léo nous faisait un cours sur les relations raciales et Hilda un cours sur la symbolique des rituels politiques. Nous passâmes beaucoup de temps à étudier les cérémonies de l'Indépendance du Swaziland et après quelques mois j'étais devenu presque incollable sur la culture swazi. Nous étions invités au thé chez Hilda et Leo et il arrivait qu'un membre de la famille régnante du petit royaume se joigne à nous. Hilda était une adepte de l'observation participante, ou même d'une sorte d'anthropologie de la performance : elle avait participé aux fêtes de la Royauté à l'intronisation de Sobhuza, roi du Swaziland, et dansé avec les princesses. Elle faisait un peu tâche avec son soutien-gorge au milieu des fières poitrines swazi, dressées en l'honneur de leur souverain, mais enfin, elle était là, elle enquêtait, et elle publia plus tard une énorme biographie du roi des Swazi. Une photo la montre aussi, à cheval en compagnie de Malinowski, qui dirigea sa thèse. C'était un couple uni, mais Hilda faisait parler d'elle ! Léo lui dirigeait le Centre d'études africaines et il eut à faire face à la contestation née après la mise en cause du soutien accordé par la CIA à quelques Fondations engagées dans les études sur l'Afrique. Au même moment il fallait recruter des étudiants noirs américains et les intéresser aux études africaines. J'avais bénéficié de bourses de la Fondation Ford pour étudier l'Afrique aux Etats-Unis et je comprenais que l'attention se porte sur les Américains ! Pourtant la tâche était ardue dans une ville où les militants se partageaient entre Panthères noires qui se voyaient en révolutionnaires tiers-mondistes et tenaient des discours enflammés, très prisés à l'étranger, et disciples de Ron Karenga, un enfant du pays, qui ne voulait plus parler que le kiswahili et avait engagé un programme d'indigénisation à sa façon. Léo Kuper en avait vu d'autres, et ces fantaisies californiennes ne l'émeuvaient pas trop. Il réussit à préserver le Centre, à poursuivre une politique ambitieuse d'invitations et à faire avancer un projet né dans le cerveau de ceux qui voulaient redorer le blason de Los Angeles, singulièrement terni après les émeutes raciales de Watts. Pourquoi ne pas organiser le Festival des Arts noirs ici ? Il y avait un atelier d'écriture à Watts, des artistes : cette banlieue de Los Angeles était une grande ville noire ! Leo Kuper accueillit Alioune Diop à qui je servis de guide et d'interprète. Cela me valut de faire la connaissance de James Baldwin, qui à l'époque écrivait un scénario tiré de la vie de Malcolm X, pour Hollywood. Le film ne vit pas le jour, mais Baldwin résida plusieurs années à Hollywood. Il était aussi soucieux d'aider le fondateur de *Présence africaine* à mieux connaître les Noirs américains.

Léo Kuper était sud-africain et juif et il n'a jamais été victime du mirage marxiste, ni de l'illusion de la violence. Venu à Bordeaux en 1970, il regardait la France avec une sympathie mêlée d'étonnement : il parlait français, mais le climat intellectuel de notre pays lui paraissait bien exotique, avec ses sectes et ses mandarins... Lire Edgard Morin attribuant, dans un grand article du *Monde*, au passage par le communisme la grandeur humaniste de Mandela l'aurait fait sourire ! Aucun des livres de Léo Kuper n'est traduit en français et pourtant il a beaucoup fait pour rapprocher africanistes français et américains. Il était homme de dialogue et de rigueur morale, estimé et aimé de ses étudiants et de ses collègues. Son livre sur le génocide – à mon sens le premier et le plus complet sur ce sujet – paru en 1981, consacrait une large place au Rwanda et à l'Ouganda. Les questions qu'il se posait demeurent malheureusement toujours actuelles.

Leo Kuper était un africaniste et n'aurait sans doute rien trouvé à redire à cette dénomination. Professeur de sociologie, il était curieux de la sociologie européenne : il connaissait l'œuvre de Raymond Aron, mais ignorait celle de l'autre grand sorbonnard, Gurvitch. Leo Kuper avait invité Balandier au centre, mais Balandier, qui régnait sur le boulevard Raspail, était encore un peu provincial en ces années soixante-dix : il ne connaissait pas bien les Etats-Unis, parlait mal l'anglais, semblait ignorer l'Afrique du sud.

Leo Kuper appartient à la lignée de ceux à qui je voudrais rendre hommage, parce que chacun à leur manière ils donnaient l'envie d'apprendre sur l'Afrique : il n'était pas un fou d'Afrique, il essayait de combler rigoureusement les blancs de la carte, et il avait découvert, à sa grande consternation que les génocides africains en faisaient partie.

Escarpit décoré , 1983

Escarpit décoré , 1983
(photographie Pascal Lagarde)

12
Escarpit, le gascon

Robert Escarpit était professeur d'une discipline qui, en France, a presque disparu : la littérature comparée. Au sein des études littéraires, elle était un espace de liberté et de questionnements théoriques, loin du culte du patrimoine littéraire, fortement mis en question naguère et qui revient avec tant de force aujourd'hui. Les comparatistes avaient le sens de l'histoire, mais n'en avaient pas la religion. Ils ne croyaient pas que la seule langue étrangère à connaître en Afrique fût le français ! Ils n'avaient pas découvert cette merveille des études francophones : les littératures étrangères s'écrivent en français ! Escarpit croyait que le livre était révolutionnaire et j'ai encore tendance à penser qu'il avait, là dessus au moins, tout à fait raison !

Il y a une vingtaine d'années, au moment de son départ à la retraite il fut question d'un volume d'hommages à Robert Escarpit. C'était le moment « régionaliste » d'Escarpit, comme il aimait à se faire nommer omettant le prénom pour ne garder que le patronyme, façon artiste, comme son collègue comparatiste, Etiemble (René !). J'avais pensé à un article que je n'écrivis pas, mais dont le titre aurait été : « Du gasconnisme à la gasconnade ». Je voulais y réfléchir sur ce rare exemple de suffixation en -ade appliqué à un nom ethnique, déjà pourvu d'un suffixe en -isme. Du gasconnisme, la tournure gasconisante qu'il aimait parfois dans ses romans, à la gasconnade, dont sa pratique scientifique semblait parfois s'inspirer. Belgicisme, helvétisme ou québécisme ne connaissent point pareilles glissades du lexique à l'acte de langage, voire à l'acte tout court. Escarpit était l'homme de la gasconnade, d'une certaine forme de vantardise intrépide qu'il transportait dans le domaine intellectuel avec tout l'aplomb et le talent dont un mandarin de l'ancienne université (d'avant 68) pouvait être capable. « Un mandarin ferrailleur », écrit justement Pierre Christin. Il y avait plus en lui que le capitaine gascon dont Robert Lafont dresse dans son bel essai *Renaissance du sud* un portrait qui résume un peu la gasconnade du matamore. Escarpit avait été capitaine, à la fin de la guerre, dans le Médoc : il en parlait peu, n'aimait ni les soldats ni la guerre. Il aimait encore moins les foules qui tondaient les malheureuses qui avaient fraternisé avec l'ennemi et il écrivit un beau texte sur ces moments. Son meilleur livre est peut-être l'essai enlevé qu'il donna sur Hemingway : il avait vu le monde dans la lumière de la guerre, comme lui, et cela avait coloré toute sa vie : il se sentait à tout jamais autorisé à gasconner.

Il aimait les voyages et un jour il m'a dit : voyager, cela fait monter dans l'échelle sociale. Je faisais partie de ces étudiants qui avaient déserté les concours pour faire des thèses à l'étranger et l'Afrique n'était pas pour lui déplaire. Il y avait accompli quelques missions pour le compte de l'Unesco : il était le missionnaire du livre, de l'écrit : son meilleur ouvrage scientifique est sans doute le petit *Que sais-je* qu'il écrivit en ces années sur l'écrit et la communication. Il avait connu le passage de l'oral à l'écrit dans la campagne girondine où il avait grandi : il voyait cette mutation aujourd'hui à l'œuvre dans la brousse africaine. Seulement il voyait tout cela à grands traits et l'Unesco était parfait pour lui : avec quelques statistiques il pouvait peindre le monde du livre. Je l'ai entendu affirmer péremptoirement à un auditoire d'étudiants africains dubitatifs puis éberlués que l'ewe se parlait de Dakar à Douala. Je venais de passer deux ans à étudier cette langue du Sud Togo et j'eus beau intervenir pour nuancer le propos : il n'en démordait pas. Nous étions en pleine gasconnade : Escarpit africaniste ! L'admirateur d'Enver Hojda qu'il était perçait parfois sous l'intellectuel de gauche et la contradiction était alors mal reçue !

Il régnait sur l'université littéraire de Bordeaux, suscitant des aversions à la mesure de son talent. La Résistance et *Le Monde* lui avaient donné un carnet d'adresses : il n'en abusait pas mais aimait le spectacle. Invité un soir chez moi, il se saisit du téléphone pour dicter son billet de première page du *Monde* du lendemain, en direct face à des invités, là aussi éberlués. Il me dit un jour : j'ai fait recruter plus de soixante-dix personnes. Beaucoup ne lui pardonnaient pas de lui devoir une carrière. Quant à moi, il me mit à l'aise la première fois que je le rencontrais après mon élection au cnrs : il n'avait pas voté pour moi ! Je savais pourtant tout ce que je lui devais, puisqu'il m'avait présenté, qu'il avait dirigé ma thèse, et que cela comptait pour une bonne part du chemin. Il ne voulait pas que je lui doive le moment décisif...

Il avait enseigné en Amérique du sud, milité contre la guerre d'Algérie et la guerre du Vietnam. Sa maison était menacée par l'OAS et je faisais partie des commandos de garde ; il pensait que l'Afrique devait se libérer. Pourtant l'Afrique cessa de l'intéresser. Il continua à rendre service et à accepter des thèses, mais les enjeux étaient ailleurs. Il voulait faire concurrence à un collègue, professeur de littérature devenu penseur des média, M. McLuhan. La gasconnade se fit planétaire. Face à McLuhan, il défendit le livre puis, fort de cette posture d'interlocuteur privilégié, se mit à penser les satellites. Gasconner, pour lui, c'était faire le bravache sur les marges intellectuelles, les zones interdisciplinaires, les territoires pas encore balisés. Je l'avais entendu parler des langues de l'Afrique avec autant d'autorité que d'ignorance et je l'écoutais faire la leçon sur les satellites à des ingénieurs de France Télécom, au cours d'un colloque où ils avaient convié son laboratoire. Autour de lui beaucoup de complaisance : il essayait ses rêveries satellitaires dans les séminaires de la fac. Les collègues l'écoutaient poliment. Je risquais parfois une question, jouant de ma position marginale de chercheur au cnrs. Peine perdue : j'avais appris l'ewe, pas l'informatique !

Il faut le retrouver dans ses contes et dans ses romans, là où il défendait les tondues de toutes les guerres : une vraie gasconnade, mais pour la bonne cause !

L. S. Senghor et János Riesz à Beyreuth en 1979
(photographie Kühner)

13
Le fil renoué de l'africanisme allemand : János Riesz

Je commence cet article dans le village de Marangu, en Tanzanie, à moins d'un kilomètre de la plaque qui célèbre la première ascension du Kilimanjaro, le 6 octobre 1889, par Hans Meyer, un Allemand, accompagné de Y. Lauwo son guide. Cette présence de l'Allemagne en Afrique est d'autant plus remarquable pour moi que j'appartiens à une génération dont les parents ne voulaient pas que les enfants apprissent l'allemand. Les plaies étaient encore vives dans les années cinquante et j'avais malheureusement deux ans d'avance dans ma scolarité. Ainsi comme seconde langue, je choisis en 1956 le russe : Khroutchev arrivait, le spoutnik vint et les Français aimaient ces Russes, grossiers et fantasques, qui enlevaient leurs chaussures à l'Onu et envoyaient des fusées dans l'espace. L'office franco-allemand pour la jeunesse, la grande réconciliation entre de Gaulle et

Adenauer vinrent plus tard. Quant à moi j'avais déjà été invité en Union soviétique, en tant que rare lycéen à apprendre le russe ; ma chance d'apprendre l'allemand était passée : je n'eus même pas à être l'objet de ces stratégies scolaires sournoises qui assurèrent à l'allemand une place dans le cursus scolaire pour figurer dans les bonnes classes.

J'ai beaucoup regretté de ne pas savoir l'allemand : peut-être n'est-il pas trop tard ; mes goûts littéraires, mes amitiés, mes contacts professionnels m'ont beaucoup porté vers l'Allemagne, grâce à János et à Bayreuth dans les années quatre-vingt. Quand j'ai décidé d'apprendre une nouvelle langue j'ai donné la préférence au kiswahili : cela se comprenait dans une perspective africaniste, mais aujourd'hui je retrouve, curieusement, dans mes études swahili, l'importance de l'allemand et le regret de ne pas savoir la langue de Krapf, qui le premier comprit qu'il y avait de la neige au sommet de la plus haute montagne d'Afrique avant de fonder les études swahili modernes.

Le sort a curieusement voulu que mon premier séjour en Afrique porte la marque allemande puisque j'ai passé deux ans au Togo. Des rencontres allemandes ont émaillé mes dix premières années, avant que je ne fasse la connaissance de János (1968-1978).

Ma première communication officielle à un colloque date de 1969. L'université de Californie m'avait payé le billet d'avion de Los Angeles à Montréal pour que j'intervienne dans une table ronde sur le nationalisme noir présidée par Janheinz Jahn, que je considérais comme un « éminent africaniste allemand » puisqu'il était l'invité de la conférence. Je connaissais les œuvres de cet auteur et je me proposais même d'en faire la critique ; son livre *Muntu*, traduit en français en 1961, connaissait depuis 1965 un certaine vogue aux Etats-Unis. Je m'expliquais mal le succès de cet ouvrage qui montrait à côté de beaucoup d'érudition des accès de mysticisme africanophile qui m'évoquaient les rêveries sur la négritude de L. S. Senghor que j'avais du mal à supporter. A Ibadan, peu de temps après, j'avais aussi entrevu Suzanne Wenger en 1971. Elle avait un air exalté, des yeux ardents, portait de grandes jupes flottantes et paraissait sortie tout droit de l'univers des *Damnés* de Visconti. J. Jahn était bel homme : il avait le nez retroussé, un visage petit et vif, l'air bronzé, jeune, ou plutôt on voyait qu'il voulait faire plus jeune que son âge par la façon dont il s'habillait et se comportait, mais beaucoup de charme émanait de son personnage.

Ces figures d'originaux germaniques n'étaient pas les seules. Je fis ensuite la connaissance d'Ulla Schild, proche collaboratrice et amie de Jahn, qui prit la suite de ses travaux après son décès prématuré en 1973. Ulla était grande, très grande : elle mesurait au moins un mètre quatre-vingt dix. Elle était mince et s'habillait comme une collégienne, avec des jupes droites, des talons plats. Elle en arrivait à faire oublier sa taille à son interlocuteur. Elle avait un beau visage et aurait pu abriter les songes qui semblaient hanter Suzanne Wenger. Il n'en était rien : elle avait un esprit méthodique, aimait organiser des rencontres et sut gérer le Fonds Jahn de l'université de Mayence. Elle avait travaillé chez les Papous, était ethnologue mais ne se voyait pas en nouvelle Leni Riefenstalh, courtisant des

Dinka, qui eussent apprécié sa haute stature. Ulla était une collègue active et joviale ; grâce à elle je fis la connaissance d'Ulli Beier : j'assistais à la conférence qu'il donna à l'Institut Frobénius quand il en refusa la direction. Je ne compris rien, mais lui aussi était un homme chaleureux et séduisant.

Tout cela était nouveau et un peu flou pour moi. Ces personnages n'avaient pas encore de lieu universitaire bien défini : chacun dans son genre ils appartenaient au mouvement de reconstruction intellectuelle et morale de l'Allemagne. Dans les années soixante-dix ils revenaient chez eux après de longs détours. Tous avaient eu des parcours sinueux, parfois étranges, qui semblaient avoir trouvé en Afrique le lieu du rêve humaniste et généreux auquel Ulla donnait des contours positifs. Je ne savais pas trop comment cet africanisme s'organisait. Nous étions à la fin des années soixante-dix : Ulla m'invitait régulièrement aux séminaires qu'elle organisait en mémoire de Janheinz Jahn. J'avais connu Jahn, il était même après l'épisode de Montréal, venu chez moi à Lomé et nous nous étions un peu liés d'amitié autour de quelques bouteilles de bordeaux : c'est de cette ville, d'où je venais, qu'il était parti, en bateau, pour la première fois en Afrique !

A Mayence, l'assiduité, l'intérêt, la qualité des étudiantes me frappaient : elles étudiaient ensemble le français et le kiswahili par exemple, deux grandes langues de l'Afrique, et cela me paraissait tellement plus pertinent que nos rêveries francophones. Cela faisait des esprits vraiment postcoloniaux ; nous en étions loin chez nous ! Mais tout cela n'était toujours pas très clair pour moi en termes de statut institutionnel : j'en étais resté à D. Westermann, professeur à l'université de Berlin et maître des études ewe. J'avais d'ailleurs encouragé Simon Amegbleame à soutenir une thèse sur la littérature ewe et Ulla l'avait beaucoup aidé, contente de voir un Togolais revenir sur l'œuvre des africanistes allemands.

Depuis longtemps Albert Gérard me conseillait. Il participa au jury de ma thèse et il ne cachait pas pour la science allemande une grande admiration que j'avais encore du mal à comprendre en ce qui concernait l'Afrique. Les travaux de Jahn me paraissaient marqués par un goût pour les concepts fumeux, les généralisations. Albert Gérard avait, bien sûr, compris la position marginale de Jahn dans ce pays marginal qu'était encore l'Allemagne des années soixante. Il écrivit un article dont je me souviens du titre en forme de gag, rare chez Albert : « Ne tirez pas sur le pionnier », où il essayait de situer le travail de Jahn qu'il lisait avec sympathie. Je crois qu'il avait raison ; il était ridicule de vouloir démolir une œuvre dont je ne comprenais pas qu'elle était d'abord une œuvre de traducteur et qu'elle jouait, à ce titre éminent, un rôle essentiel dans le dialogue entre l'Afrique et l'Allemagne.

Traducteur, Ulli Beier l'était aussi : il avait cherché à rendre en anglais la poésie yorouba. Pourtant aucun de ces noms illustres ne figurait dans la nomenklatura de l'africanisme allemand : ils n'avaient pas de chaire. Le fil était toujours rompu. Partout dans le monde il y avait des savants allemands : à Ibadan, Carl Hoffman faisait une œuvre originale : il vint plus tard à Bayreuth. D'autres moins renommés étaient dispersés en Afrique, débris épars d'une science en miette.

Tout changea avec Bayreuth qui permit de mobiliser ces énergies dispersées. János Riesz entama une série de programmes de recherche. Albert Gérard lui laissa ses archives, mettant ainsi Bayreuth sur la carte des sites à visiter pour toute recherche d'histoire littéraire sérieuse. Ulli Beier devint directeur de l'Iwalewa House qui reproduisait dans la Mecque des wagnériens le schéma de centre culturel liant préoccupations artistiques et intellectuelles, mêlant arts du verbe et arts plastiques, tout ce que le nouveau professeur-docteur Ulli Beier, juif berlinois émigré en Palestine où il élevait des chevaux, échoué au Nigéria dans les « extramural studies » – ce qui allait de soi ! avait su si bien faire à Oshogbo et à Ifé. Les années quatre-vingt s'ouvraient à une autre forme de rapport à l'Afrique et le philologue romaniste János Riesz devint un des piliers de cette Renaissance. Il n'y avait à cela aucun hasard. C'est à Mayence que je rencontrais Jànos, lors d'un colloque Jahn. Nous partagions beaucoup d'intérêts et en particulier l'amour de la Romania, des langues néoromanes, meilleur atout pour comprendre la bantouistique comme me l'expliqua plus tard Mwatha Ngalasso, lui aussi bantouiste et romaniste, et le respect pour les maîtres de la philologie et de la littérature comparée : Eric Auerbach, George Steiner et Harald Weintrich, ami de Jànos.

On pouvait parler anglais à l'université allemande à cette époque. Avec János nous parlions français et c'est ainsi que commença notre collaboration sur le Togo, qui donna lieu à plusieurs colloques et renforça notre amitié en nous liant plus encore à Senouvo Zinsou et à Simon Amegbleame, que j'avais eu la chance d'avoir pour étudiants à Lomé.

C'est aussi au début de ces années que commença ma fréquentation de la Tanzanie ; dès le début ma visite à Dar me laissa un sentiment étrange : les rues plantées d'arbres, les maisons coloniales à double toit et aux murs épais, les églises, la douane, le port, tout cela avait un air de déjà vu. Non, je ne rêvais pas : c'est à Lomé que j'avais connu un tel quartier, une quinzaine d'années auparavant : un fil, là aussi, se renouait.

Grâce à János ma relation aux études africaines allemandes devint plus claire : Bayreuth faisait une large place à l'africanistique, c'est-à-dire surtout à la philologie bantoue. Jànos, en bon romaniste, est aussi un philologue qui applique ses outils de lecture aux textes produits en français en Afrique. Romaniste et comparatiste, polyglotte, il entre spontanément dans la problématique de la conscience linguistique que les Romanistes partagent avec les Bantouistes. Les rapports entre langue et dialecte, oral et écrit, sont des thèmes fondamentaux de leurs disciplines, à quoi János ajoute une compréhension des questions de lecture qui s'inscrit dans la tradition herméneutique de Weinrich et de notre maître à tous, Erich Auerbach. C'est justement la capacité de lecture profonde qui fait merveille dans l'œuvre de Jànos. Il a su faire parler de nouveaux objets et cela n'a pas été sans provoquer de fortes réticences : j'ai souvenir d'un colloque sur le roman colonial, à la Sorbonne, où il se fit apostropher par une professeure, imbue de francophonie, qui trouvait malséant qu'un Allemand s'intéressât aux tirailleurs sénégalais. Dans le dialogue franco-allemand le thème des tirailleurs était bien choisi et cette intervention devenait une vérification expérimentale de la pertinence de son propos et du choix de son objet.

Ainsi à travers ce thème, il a pu relire certains des textes fondateurs de l'expression en français en Afrique et notamment *Force-bonté*. Il a montré que ce texte, dont M. Kane déclare qu'il n'est pas l'œuvre de B. Diallo dans son introduction à une réédition, était au contraire entièrement pénétré d'une expérience originale de la guerre du Rif, à laquelle les tirailleurs avaient participé et qu'il appartenait aussi à un genre de récit de soldat qui garantissait l'authenticité du témoignage, donc de la signature. Pour se prononcer ainsi, il faut lire les textes en profondeur. Il fit de même avec un autre texte, *Le Docker noir*, souvent rejeté du canon littéraire mais dont il montre l'inscription dans l'œuvre de Sembène et dans la littérature anticolonialiste. Le projet politique et littéraire de Sembène s'y trouve déjà, notamment en faisant du thème du plagiat, si fréquent dans la critique et l'historiographie des littératures africaines en français, le sujet de son livre, permettant ainsi une interprétation beaucoup plus claire de cette *abwehrstrategie* (stratégie de défense) contre l'irruption en français d'une parole africaine libre. Il a aussi relu Léopold Panet et l'abbé Boilat et inscrit leur travail dans des traditions littéraires qui donnent aux productions venues du Sénégal un horizon d'interprétation commun.

La tradition littéraire est ce qui s'écrit et se lit. Or un tabou majeur règle ces études : la littérature de l'Afrique ne saurait être lue avec la littérature sur l'Afrique : mais n'est-ce pas pourtant ainsi que nous lisons ? János a pris au sérieux cette contradiction entre une pratique et un dogme de la rectitude critique africaniste : comme si la littérature africaine était d'une essence spéciale ! On voit ici encore opérer les restes des vieilles conceptions essentialistes de la négritude, qui ne peuvent prétendre, malgré qu'elles en aient, à la moindre validité scientifique : pourquoi ne pas lire *l'Etat sauvage* (de G. Conchon) et *l'Etat honteux* (de Sony Labou Tansi) ensemble ? La littérature écrite de l'Afrique ne s'est-elle pas écrite en partie contre la littérature sur l'Afrique : ne nous suggère-t-elle pas ainsi un contexte d'interprétation par trop délaissé ? Cet apport récent de lectures dans un cadre de référence élargi, dans un horizon interprétatif et un champ littéraire nouveaux, n'est pas toujours vu comme correct. Pourtant cette perspective herméneutique ouvre des voies nouvelles. Pourquoi, alors, s'arrêter en si bon chemin et ne pas s'intéresser à la littérature de voyage ? Ne peut-on concevoir un schéma chronologique qui serait le suivant : littérature d'exploration, de voyage, coloniale, africaine, cette dernière s'écrivant contre mais au contact de ces autres formes d'expression auxquelles j'ajouterais, depuis les indépendances, la littérature coopérante, dont justement le coopérant Conchon, fonctionnaire détaché du Sénat français et Prix Goncourt, serait le fondateur. En intégrant dans le champ littéraire africain ces textes sur l'Afrique, János aide à renouer un autre fil rompu de l'africanisme.

Aujourd'hui, outre Westermann, par qui j'avais commencé, j'ai lu Barth et Schweinfurth, mais aussi Bleek et Meinhof.

Barth, comme Bleek, avait une formation universitaire et même un doctorat, ce qui au milieu du XIXe siècle était une grande originalité parmi les voyageurs et les explorateurs africains. Bleek, lui, aborda l'Afrique marqué par des perspectives herméneutiques qui permettent d'évoquer l'œuvre de F. Schleiermacher dont son père était un collègue. La vision allemande de l'Afrique noire ne se limite heureusement pas aux considérations de Hegel. Pour Bleek la connaissance passait par la traduction. Ce romantisme des identités multiples ne s'enfermait pas dans des spécificités irréductibles, justement parce que le thème de la traduction était central. Je le préfère au positivisme et au rationalisme abstrait qui a tellement marqué notre abord des cultures différentes.

Ainsi le nationalisme linguistique et le mouvement de la traduction biblique, partis des universités allemandes, les seules qui comptaient au XIXe, ont touché l'Afrique : la question linguistique était au centre de cet intérêt et l'africanistique est d'abord une discipline philologique. Elle a certes entraîné Bleek à d'étranges idées sur les San « promus » Indo-européens parce qu'ils avaient des contes d'animaux, et Meinhof à des considérations peu flatteuses pour les peuples bantous ; elle a aussi poussé Westermann à des considérations mythologiques sur les origines des Ewe. L'œuvre de ces savants est pourtant au centre de la linguistique africaine et fondatrice en tant que telle des études africaines.

Le fil s'était rompu dans le grand désastre allemand de la première moitié du siècle. A Bayreuth, lieu emblématique d'une certaine identité allemande, le fil s'est renoué et je crois que la contribution de János Riesz a été déterminante dans ces retrouvailles. Il a placé la philologie au contact de l'anthropologie et de la linguistique et donné à l'africanistique son vrai contexte de compréhension. L'appropriation du sujet dans le détail, « *die anneignung des stoffes im detail* », voilà ce qui manque à beaucoup de lecteurs de la littérature de l'Afrique qui croient trop en France à la trompeuse familiarité de la langue.

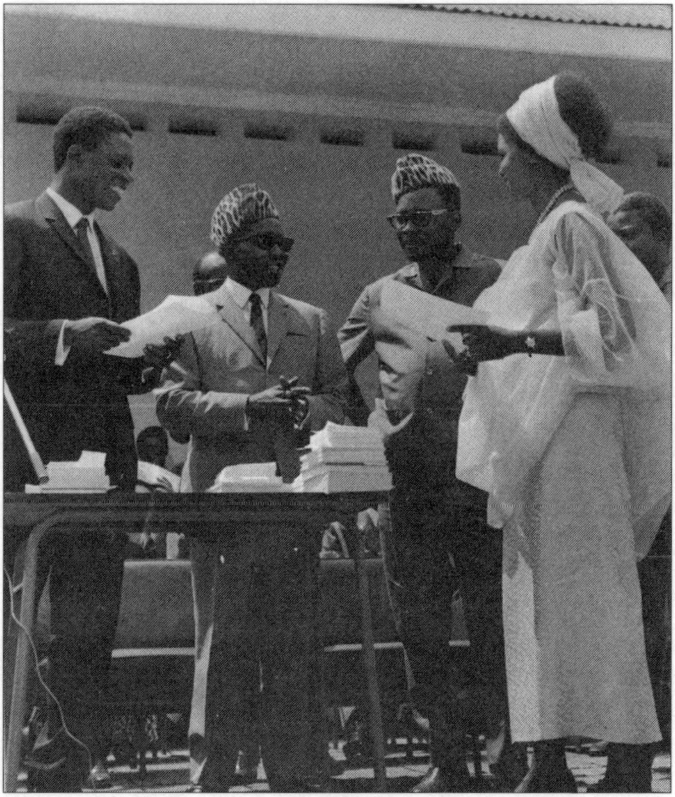

Clémentine Nzuji reçoit des Présidents Senghor et Mobutu le prix de poésie en 1968.

14
Clémentine Nzuji
à Lubumbashi en décembre 2001

Pendant l'été de 1976, peu de temps avant une conférence organisée par le Centre d'études africaines de Leiden, je reçus un paquet du Zaïre. Il s'agissait d'une série de livres et de brochures, dont plusieurs recueils de poésie, dédicacés de manière très flatteuse pour moi. L'auteur de l'envoi et des dédicaces ne m'était connue que par ses articles : Clémentine Faïk-Nzuji. Fort à propos, elle présentait au colloque une communication sur l'amplification dans la littérature orale et je ne pus m'empêcher de penser que ses dédicaces relevaient d'un genre qu'elle connaissait si bien ! Recevoir un paquet d'ouvrages zaïrois était pour le bibliophile africaniste que j'ai toujours été, un plaisir rare et j'avais hâte de remercier la collègue, lin-

guiste et poétesse, qui avait eu cette délicate attention. Je me souviens de ma curiosité le jour de l'accueil du colloque : qui était cette Clémentine ? Il n'y avait que deux Africaines dans la salle : l'une grande, belle, jeune, souriante, les cheveux coupés courts à la mode zaïroise d'alors, l'autre moins jeune et moins souriante. Laquelle était mon admiratrice inconnue ? Tout auteur a connu ce petit pincement de la curiosité ! C'est Albert Gérard qui nous présenta : la belle jeune femme avait été son étudiante. C'est ainsi que je fis la connaissance de Clémentine.

La longue litanie des malheurs du Katanga commence avec les invasion du Shaba puis continue avec les « massacres » d'étudiants de 1990, les pillages de 1993, de 1996, l'expulsion des Kasaïens. Ecrire une chronologie est difficile : mais les Katangais racontent leur vie en fonction de ces moments d'angoisse, voire de terreur qui donnent à leur existence une couleur nouvelle. En 2001 j'ai animé un atelier avec de jeunes écrivains à Lubumbashi. La menace rwandaise s'est éloignée, le Katanga revit un peu. Quelle place peut-il y avoir pour la poésie ?

Clémentine Nzuji a quitté le Katanga il y a plus de vingt ans, mais elle ne l'a pas abandonné. A son époque, on était romaniste ou bantouiste, plus que francisant ; on faisait de la linguistique plus que de la linguistique française. Ces perspectives comparatives et générales issues de la tradition philologique germanique et de la situation de pays bilingue de la Belgique faisaient que l'enseignement littéraire en français ne s'enfermait pas sur la prétendue universalité du français, mais s'ouvrait au contraire sur les langues de l'Afrique. Les linguistes africanistes étaient bantouistes, donc comparatistes, et en même temps collecteurs de poèmes, voire d'épopées.

L'école belge – terme qu'elle utilise – et dont elle assure aujourd'hui en partie l'héritage, était sensible aux langues mais aussi aux littératures ; des noms comme ceux de D. Biebuyck, G. Hulstaert ou M. Coupez restent attachés à des recueils de textes, et à une réflexion sur les formes de l'expression littéraire en Afrique qui dépasse le champ propre de la linguistique. La notion d'africanistique, comme connaissance de l'Afrique, de sa culture, de sa civilisation à partir de ses langues avait un sens en Belgique, et a gardé un sens au Zaïre : cela n'a jamais été le cas en France. Notre poète se serait-elle arrêtée à ses premiers recueils qu'elle aurait déjà marqué l'histoire de la littérature francophone par son sexe et son intérêt pour les langues de l'Afrique. Elle aurait pu s'enfermer dans un rôle de poétesse reconnue, voire officielle. Appréciée au Zaïre, elle ne dédaigne pas de s'affirmer authentique : « Je suis née prêtresse, gardienne de la parole ancestrale » (Nzuji, 1976, p. 21).

Son travail en français s'appuie sur une recherche littéraire consacrée au chant héroïque des Baluba, le kasala, sur lequel Clémentine a rédigé sa thèse. Ainsi l'auteur d'*Eléments de phonologie et de morphonologie des langues bantu* (1992) est bien une linguiste africaniste, mais d'un type particulier, puisqu'elle travaille sur le discours littéraire des textes oraux. L'école d'ethnolinguistique française dont l'œuvre de Geneviève Calame Griaule, qui dirigea la thèse de notre poétesse, est le plus beau fleuron, s'intéresse aux fonctions sociales de la langue, à l'intégration de la parole dans la pratique sociale, et en particulier à ces textes fortement socialisés que sont les contes ; Clémentine s'intéresse plutôt à ce qui distingue la parole poétique du discours ordinaire, à la littérarité de certains types de discours, problème pratiquement abandonné par l'école africaniste « française » :

« Dans le chant kasala des Luba du Kasaayi le héros est évoqué par ses noms amplifiés qui sont appelés *makumbu* ou *meena a bukole*. Rappelons que le kasala est un long poème qui évoque les différentes personnes et les événements d'un clan, exalte par de grandes louanges ses membres défunts ou vivants et déclame leurs hauts faits et gestes... » (Faïk-Nzuji, 1974 : p. 91).

Comme l'isibongo des Zoulous, ou l'oriki des Yorouba, le kasala est à la fois témoin et acteur de l'histoire. Il manifeste la parole poétique dans son rapport à l'histoire, dans sa dimension fréquemment épique. Il nous présente une oralité bien loin des versions idéalisées, quasi fossilisées, des idéologues de la négritude, ou des poètes qui essaient de recréer en l'adaptant en français la parole africaine. Les textes traduits ont la beauté rugueuse de la parole authentique. Or les travaux sur la poétique africaine en français – je ne parle pas ici des travaux sur la poésie en français – sont peu nombreux. Agblemagnon, dans un ouvrage qui a curieusement fait autorité, *Sociologie des sociétés orales*, cite notamment comme texte poétique l'hymne national togolais, ce qui est peu oral et encore moins poétique. A ma connaissance trop rares sont les chercheurs qui ont travaillé sur la poétique de leur langue. Dès ses premiers textes Clémentine avait montré qu'elle était sensible à la poésie luba, qu'elle composait et traduisait elle-même :

« Kanyunyu ka mitolongo...

Petit oiseau prudent
Qu'aucun caillou ne peut atteindre
Oiseau voyageur
A ton approche les bananiers applaudissent »
(Nzuji, 1969 : p. 19)

Elle prête une attention particulière au procédé de l'amplification, dans lequel elle n'est pas loin de voir un des traits particuliers d'une poésie orale. Dans le kasala sont insérés des unités d'éloge – dirons-nous des formules pour reprendre le terme d'A. Lord ? – souvent faites d'anthroponymes amplifiés, que l'on retrouve dans les devises. Ces anthroponymes sont un matériau commun à beaucoup de genres oraux ; ils sont aussi typiques de l'oralité puisque de village à village le tambourinaire peut nous transmettre le schème tonal des anthroponymes, indiquant par là qu'il s'agit d'un type d'expression verbale spécifique de l'art oral. Ces remarques sont d'une linguiste qui réfléchit sur la communication et n'oublie pas dans ses traductions qu'elle est poète : elle nous a prévenu, « je suis née messagère... »

« Mukendi Mbangila, l'avertisseur
Tempête qui renverse les arbres
descendant de Kamina Kabale

Patate-douce-qui-se-tortille-en-poussant »
(Faïk-Nzuji, 1974 : p. 227)

La question de l'anthroponymie est aussi évidemment une question d'identité historique et politique : Clémentine est devenue Madiya qui évoque Marie. La rencontre des traditions devient une réflexion globale sur le symbolisme dans une série d'articles publiés dès les années quatre-vingt et qui portent non plus sur des textes, mais sur des objets. Ce passage de l'oreille à l'œil me paraît particulièrement original et fécond, puisqu'il déconstruit en somme l'image d'une Afrique orale et montre la coexistence, en particulier chez les Baluba, des arts de l'image, donc de l'espace, avec les arts de la parole, donc du temps. C'est l'évolutionnisme implicite dans les assertions d'un passage de l'oral à l'écrit qui est ici battu en brèche subtilement, au nom d'une compréhension plus profonde de la place des processus de symbolisation dans les cultures africaines. Partout il y a de l'oral et du graphique, et donc nous pouvons réfléchir sur une conception globale des rapports de l'homme avec le monde et la nature. Cette conception était déjà en germe dans les tout premiers textes poétiques :

« Je suis du pays où en haut soufflent les vents
et en bas résonne l'harmonie...

Chez moi l'aquilon apporte des sons d'au-delà
et les oiseaux des messages »
(Nzuji, 1969 : p. 10, daté 1962)

Le langage ne se prêtait que maladroitement à l'approfondissement d'un problème dont toute l'ampleur était reconnue :

« Ce n'est pas ma faute
Si personne ne me comprend
Si j'ai
Pour m'exprimer
un langage absurde »
(Nzuji, 1967 : p. 11)

Quel est ce langage absurde ? N'est-ce pas le français, incapable d'amplifier les anthroponymes, de tonaliser la rime, de transformer le syntagme en pur rythme musical, de se propager à travers l'espace grâce aux tambours parlants ? Le langage de la poésie post symboliste, avide de correspondances, incapable de se débarrasser de « l'aquilon » n'est-il pas justement ce langage absurde, incapable de dire le monde des Baluba, des Bantous, et peut-être de beaucoup d'autres Africains ? La démarche de l'anthropologue est bien à notre sens le constat de l'incapacité du langage poétique en français à dire, en son état actuel, la richesse du monde symbolique bantou, voire africain.

L'œuvre de la jeune Clémentine, dans la première décennie de l'Indépendance, était un chant d'action de grâces devant ce qui se construisait, dans sa vie comme dans son pays. La photo où elle reçoit le prix de poésie des mains de Mobutu et de Senghor en 1968 illustre cette époque : la négritude, en la personne de son poète, et l'authenticité en préparation accueillent la jeune poétesse : elle a vingt-quatre ans, elle est belle, le Congo a tout l'avenir pour lui. Joseph Désiré Mobutu portait une toque léopard et Senghor avait accepté de se laisser affubler de ce couvre-chef. Elle m'a raconté plus tard que ce prix lui avait valu l'honneur de dîner en tête-à-tête avec le chef de l'Etat, sur son yacht.

Je suis revenu à Lubumbashi en 2003 et j'ai demandé aux stagiaires s'ils lisaient les textes de Clémentine-Madiya : ils la connaissaient, ils avaient étudié ses poèmes, repris dans les recueils d'anthologies et de morceaux choisis qui servent de support à l'enseignement du français au Congo. Les textes du *Temps des amants,* titre le plus fréquemment cité, sont devenus aujourd'hui une partie du patrimoine littéraire congolais. Tous les stagiaires avaient lu ces poèmes. L'enseignement du français est un enseignement de « littérature africaine » et il importe de pratiquer les textes nationaux. Or Clémentine était certes la première femme-écrivain de son pays, mais aussi l'un des premiers écrivains tout court. Nul besoin de quota pour la faire figurer dans le tableau d'honneur de la littérature congolaise

Aujourd'hui à Lubumbashi les jeunes filles lisent *Congo, mon Congo* d'Elvire Kisimba Mukalay, édité en ville chez Les Petits génies en 2000. En quatrième de couverture nous apprenons que la poétesse est née en 1980. Notre seule jeune stagiaire en avait un exemplaire froissé, sali, mais abondamment écorné, dans sa poche. Certes le livre est une mince brochure polycopiée, tirée à quelques dizaines d'exemplaires, mais enfin il circule, il est lu, cité et nous l'avons retrouvé dans la bibliothèque littéraire du Club des écrivains, la Cellule littéraire de Lubumbashi... Nous y lisons une poésie patriotique qui traduit le désarroi plutôt que l'élan. Désarroi qui se marque par l'emploi de formules toute faites qui relèvent de la langue de bois : une jeune fille, pousse verte de nos contrées, menacée par l'agresseur, le rebelle, la faim, la violence. Pourtant « le désir ne s'épuise pas », dit la jeune poétesse, seul jaillissement authentiquement poétique d'une sorte de discours politique sur les malheurs du pays.

Les poèmes de Clémentine ont été lus et commentés : pourquoi gardent-ils aujourd'hui leur force ? Dans *l'Anthologie de la poésie française au* XX*e siècle* (édition de la Pléiade), il n'y a que trois poétesses : Anna de Noailles (la comtesse), Barbara (la chanteuse) et Martine Broda (chercheuse au cnrs). En d'autres termes le lyrisme amoureux est souvent une affaire d'hommes : Eluard, Aragon, etc. On comprend mieux alors combien les textes de Madiya méritent une place à part. Ce sont les poèmes du désir féminin : le sentiment est juste, même si le vocabulaire est emprunté à la mythologie classique ; Eole risque de tuer l'effet de la caresse : *« ses cheveux éoliens me frôlent les joues »*.

Caresse, prélude, frôlement, don de soi : tout le rite de l'accouplement des corps est évoqué avec pudeur et retenue mais avec un sentiment fiévreux. La poétesse ne recule pas devant l'émotion, mais elle recule devant les débordements du verset. Tout est contenu dans les limites de ses vers de dix ou douze pieds qui hachent le discours et lui donnent un aspect rassurant, contrôlé. Nous sommes dans une grande tradition de la poésie féminine, celle de Marceline Desbordes-Valmore.

Quel langage utiliser ? Comment en finir avec ce langage « absurde » qui fournit éole ou l'harmattan (en Afrique de l'ouest) alors qu'il faudrait des mots neufs pour des sensations neuves ? Notre poétesse a montré la voie dans ses traductions du ciluba. Je les ai lues à mes stagiaires pour juger de l'effet produit, près de trente ans après ces travaux. Elles ont gardé la verdeur d'une langue neuve jamais entendue : *patate-douce-qui-se-tortille-en-poussant.*

Quand j'ai lu cette phrase devant les étudiants, ils ont ri. Soudain ils entendaient autre chose : ils entendaient le ciluba, ils voyaient pour la première fois en français la tige tourmentée de la patate douce...

C'est ce que j'essayais de dire : parler de la vie des hommes, des bêtes, des plantes et la faire voir à nouveau, comme pour une première fois... C'est une jeune fille congolaise qui racontait comment elle devenait une femme : elle aussi « se tortillait en poussant », cherchant à dire ce qu'elle ressentait et à le faire partager. Ce passage était assumé dans son écriture lyrique : il a été retenu, sanctionné dans l'enseignement littéraire congolais : les étudiants et surtout les étudiantes avaient lu le *Temps des amants.*

Dans un enseignement contrôlé par les congrégations religieuses féminines, une certaine pruderie est de mise dans l'éducation. Or Clémentine Faïk-Nzuji, personnalité littéraire et intellectuelle, offre toutes les garanties de sérieux, voire de respectabilité : elle peut livrer ses émois au public et aux collégiennes qui retrouvent dans ses effusions lyriques une part d'ellesmême. Seulement la voie de la création originale qui passait par l'anthropologie et la linguistique chez la Cléméntine des années soixante, dans une université encore coloniale, est aujourd'hui fermée dans un monde d'où les humanités africaines semblent avoir disparu.

Senouvo Agbota Zinsou à Beyreuth en 1998
(photographie Véronique Porra)

15
LE DIRECTEUR « A VOYAGÉ » : ZINSOU EN ALLEMAGNE

*Senouvo Agbota Zinsou s'appelait Nestor Zinsou quand je l'ai connu en 1970. Il était étudiant de lettres et animateur de la Troupe théâtrale de la nouvelle université du Bénin, à Lomé. J'avais mis au programme Brecht et Genet et cela me valut d'être invité aux répétitions de l'*Exil d'Albouri *que montait la troupe étudiante. Je fus consterné par le ton déclamatoire, le hiératisme de la mise en scène et je le dis... Je pense que ma franchise me valut l'amitié du principal acteur et metteur en scène, Nestor Zinsou, qui transforma son prénom quelques années plus tard, pour obéir aux injonctions du Général. Aujourd'hui, le directeur « a voyagé », comme disent les secrétaires togolaises : il n'est pas en tournée, mais en exil. Finies les soirées* Sodome *à Lomé !*

Senouvo Agbota Zinsou, auteur de *La Tortue qui chante* (1987) est actuellement en Allemagne depuis près de six ans, où il a obtenu officiellement la reconnaissance du statut de réfugié politique. Il a un temps occupé un contrat de professeur invité de théâtre à l'université de Bayreuth et mis à profit ce temps pour apprendre l'allemand, faire traduire et monter *La Tortue qui chante* en allemand, écrire et mettre en scène dans un mélange de français, d'ewe et d'allemand des fables politiques dans lesquelles son expérience du Togo apparaît sous un jour nouveau.

Seulement son œuvre théâtrale, aujourd'hui écrite en français à partir de l'Allemagne, reste peu connue à l'extérieur du Togo, et de la Bavière. Voilà donc l'un des auteurs francophones les plus productifs et les plus talentueux – il a gagné deux fois le Concours théâtral interafricain ! – en train d'écrire indépendamment des instances officielles de la francophonie et de l'édition parisienne. Il vient de publier son premier roman, *Le médicament* (2003) qui raconte avec verve et compassion les tribulations des demandeurs d'asile africains en Allemagne.

Dans le premier article que j'ai écrit sur son travail il y a plus de vingt ans je notais que la première pièce, *L'Amour d'une sauvage* (1967) était une « adaptation française du théâtre ewe d'édification spirituelle, la cantate » (Ricard, 1974 : p. 483). Lui-même nous précise, dans le résumé de sa thèse, que « le thème central de la cantate est la lutte contre le mal, la victoire de la lumière sur les ténèbres. L'exemple typique en est la pièce sur la *Vie de Sainte Agnès*, qui résiste à toutes les sollicitations du diable et de ses représentants (l'amour charnel, le pouvoir païen, les féticheurs) jusqu'à sa mort par le martyre » (Zinsou, 1988).

Dans les années soixante-dix, il organise et dirige la Troupe nationale du Togo et publie *Le Club* (1984), *La Tortue qui chante* (1986) et plusieurs nouvelles dont l'une devient un film, *L'ami de celui qui vient après le directeur*. Il sait de quoi il parle : il est directeur ! Son travail à la Troupe nationale est aussi un travail de chercheur et d'éducateur ; il donne une adaptation d'un spectacle de concert, *L'Africaine de Paris* (1985).

En Allemagne, Zinsou continue son œuvre dans deux directions : une forme dramatique originale, dans laquelle son personnage Yevi est confronté à tous les pouvoirs et à tous les vices : *Yevi et l'éléphant chanteur, Yevi et la princesse.* Ces contes-pièces sont pour lui l'occasion de se mettre en scène et de montrer ses talents remarquables d'acteur et de chanteur. Ce versant de son travail est produit dans un mélange d'allemand, de français et d'ewe. L'autre dimension de son travail est l'écriture de fiction. Après *Le médicament*, il vient d'adapter en français un conte d'Ebrahim Hussein pour le théâtre, *Ninive la petite fille poisson* (1999, d'après E. Hussein). Ecrivain, il est aussi chercheur : sa thèse, soutenue en 1988 à Bordeaux, sera publiée à Bayreuth : son titre était tout un programme, celui que Zinsou a suivi : *Le théâtre et la Bible : kantata togolaise et syncrétisme culturel.*

Il s'agit donc d'un auteur complet, à l'aise dans divers genres, dont l'œuvre se déploie sur trois pays, est dispersée chez de nombreux petits éditeurs, ou épuisée. De plus Zinsou n'est ni un showman, ni un homme de lettres, mais était-il pour autant un écrivain officiel puisqu'il dirigeait la Troupe officielle du Togo ?

Dans sa pièce de 1972 (parue en 1975), *On joue la comédie*, dont on peut dire avec le recul qu'elle marque une rupture fondamentale avec l'esthétique dramatique des pays francophones, le faux messie joue une scène d'amour avec Nolivé et cette dernière est un travesti. Il s'agit d'une parodie du poème dramatique de Senghor... Cette technique a été abondamment commentée sous son aspect dramaturgique. Elle marque la reconnaissance de la dimension parodique du théâtre et l'acceptation de l'esthétique de la convention. Zinsou caricature les faux messies deux ans avant qu'Eyadema ne se proclame le messie du Togo : comprenne qui pourra et qui voudra quand sa pièce représente le Togo au Festival de Lagos en 1977 !

Il y a bien une différence entre le domaine du politique et le domaine de l'esthétique : Zinsou déploie son œuvre dans une fable qui peut être lue comme une critique du messianisme du général mais aussi comme une critique générale des faux prophètes. Au fond personne, parmi les intellectuels togolais, ne croit trop au messianisme et l'œuvre de Zinsou occupe le terrain de l'art dont il est bon de montrer qu'il a une certaine forme d'autonomie au moment où se mettent en place des ministères de la culture. Zinsou ne fait pas de l'animation politique, il fait du théâtre. Sa troupe ne relève pas du domaine du parti mais de celui du ministère : c'est tout autre et il ne se prive pas d'une critique morale.

Des spectacles de circonstances sur l'amitié germano-togolaise ou le rôle d'Eyadema en soldat de la paix ont suscité les critiques de certains qui ont voulu voir dans ces textes des actes d'allégeance au pouvoir. Ecrire dans un régime totalitaire – comme le Togo – n'était pas facile et les critiques qui lui ont été adressées paraissent bien superficielles. Juliana Okoh en a montré le caractère excessif (1991). Seulement pouvait-on défendre « la meilleure plume du Togo » en montrant qu'elle déguisait son écriture ?

Ainsi avec un peu de recul le texte sur l'amitié germano-togolaise montre bien que ce qui pouvait passer pour de l'opportunisme correspondait à un mouvement profond d'intérêt et d'amitié pour l'Allemagne, le pays qui a accueilli l'exilé Zinsou.

Le concept de déguisement peut être pris en plusieurs sens : il y a tout d'abord le déguisement de la critique politique sous la fable animalière, dont le modèle pourrait être *La Tortue qui chante*. Il y a en même temps une utilisation du travesti dans son théâtre sous l'influence du théâtre populaire. Ainsi la Nolivé de *Chaka* est un travesti.

Je voudrais m'intéresser à la direction du travestissement ; homme en femme, ou femme en homme, est-ce pareil au Togo ? Le travestissement du *concert* me paraît au fond une limitation, une difficulté à assumer la différence sexuelle et à confronter plusieurs sujets en dialogue. La tradition se réfugie dans la parodie, dans ce que nous pouvons appeler une esthétique de l'identité. Le face à face avec une épouse qui serait une égale est impossible : c'est ce que nous dit l'*Africaine de Paris* que Zinsou a choisi d'adapter, dans une grande fidélité au texte oral. Or ce texte oral est le produit d'un groupe qui ne peut plus créer dans la matrice ancienne mais qui ne sait comment inventer de nouvelles relations entre les hommes et les femmes. Le point de vue de Zinsou est beaucoup plus riche : il retrouve, en acceptant d'adapter un spectacle de concert, une interrogation qui parcourait ses premiers textes : qu'il s'agisse d'une « sauvage amoureuse » ou de « la fiancé du vaudou », les deux héroïnes de ses premières pièces, c'est de l'autonomie individuelle du sujet féminin qu'il s'agit. Il met en question la possibilité d'assumer une relation conjugale dans une société polygame : l'égalité entre la femme et l'homme est au cœur de son théâtre.

La grande source du théâtre de Zinsou me paraît être le théâtre de cantate : non seulement parce qu'il s'agit d'un spectacle qui assume la conventionalité, mais aussi parce qu'il s'agit d'une forme d'expression dans laquelle l'initiative féminine, le point de vue des femmes, sont pris en compte et même sont souvent dominants. Dans la cantate que nous décrit Zinsou dans sa thèse, la femme n'est plus une mineure sociale : c'est elle qui se travestit en homme. La cantate est le genre des Nana Benz, des femmes d'affaires. Mode d'expression des associations féminines chrétiennes, la cantate illustre un mode d'appropriation de l'histoire par les femmes. Sainte Agnès accepte le martyre plutôt qu'un mariage arrangé : il y a là un modèle d'autonomie du sujet. Le sacrifice de la sainte, comme dans *Shaba deux*, le beau roman de V. Mudimbe, donne à penser : après tout personne ne force ces jeunes femmes à faire ce qu'elles font et personne n'a demandé à Zinsou ou à Mudimbe d'en faire des modèles !

La cantate relève du monde d'où vient Hubert Ogunde, marqué par la Bible, par des récits issus de l'histoire, que des groupes de femmes s'approprient pour devenir elles aussi sujets de l'histoire en train de se faire. La matrice du concert, le système de la parodie, ne permettait pas l'irruption de nouveaux acteurs historiques. Or ces acteurs sont justement les groupes de femmes qui mettent en scène des histoires comme celle de Sainte Agnès. Dans les pièces de Zinsou les femmes ne jouent pas les hommes, mais tentent de devenir les sujets de leur destin, comme dans la cantate, produit collectif des associations chrétiennes.

La cantate est le genre dans lequel les femmes jouent les hommes. Est-ce un hasard si le monde de Zinsou est celui de ce genre plus que celui du concert dans lequel les hommes jouent les femmes, faute de pouvoir convaincre des actrices de les rejoindre, faute surtout de savoir leur faire une place ?

La Fiancée du vaudou ou *L'Amour d'une sauvage* posent dès l'origine de son œuvre ces questions. Dans *Le Club* les femmes sont les victimes, mais dans *La femme du blanchisseur*, qui se présente comme une cantate, c'est une femme qui est la meneuse de jeu et pose sur la polygamie notamment des questions dérangeantes : ne faut-il pas pour elle « que les femmes forment leur syndicat pour défendre la famille » (p. 69) ? La fiction donne à ces personnages une nouvelle épaisseur : tel est le cas de Flora la géante, ou de la femme monstre qui hante les contes actuels qu'écrit Zinsou.

En 1999 il adapte l'histoire de Ninive, la petite fille poisson : poissonne polissonne fraye la voie à la libération de la gent poissonne.

Le déguisement n'est pas seulement le déguisement politique de la fable animalière ou dramatique des personnages de *concert-party* qui renvoient à un monde sans femmes, qui ne peuvent justement accéder au dialogue et à la différence et se condamnent à la répétition. Le travestissement des femmes en hommes est le modèle de l'initiative des femmes qui mettent en scène la légende dorée et les vies de saintes pour donner forme à leur initiative de Nana Benz, de fortes femmes. Le sujet producteur du théâtre de Zinsou a prise sur l'histoire, à travers le rôle que les femmes jouent dans l'histoire. La cantate n'est pas seulement un répertoire esthétique, c'est aussi une forme politique dynamique à la différence du *concert-party*, bloqué dans la répétition et l'identité.

Le sujet qui se déguise est bien togolais : il a, à sa manière, un projet d'écriture qui va au delà de la contestation du modèle grotesquement phallocratique d'Eyadema, si bien dépeint sous les traits du dictateur Koyoaga dans le roman d'Ahmadou Kourouma, *En attendant le vote des bêtes sauvages* (1998). Ce projet va au-delà de la parodie et du travestissement du *concert.* Il vise à donner sur scène et dans la vie sociale une place aux femmes, à faire d'elles des sujets de leur destin, et non pas de simples poupées.

Dans une société polygame ce projet éthique est tout simplement révolutionnaire et il convient de s'interroger sur ses racines. Il est rare dans l'écriture ouest africaine avec cette constance et cette clarté. Comme *Shaba deux* de V. Mudimbe, sous-titré *Les carnets de Mère Marie Gertrude* (1989), il participe de ce mouvement d'appropriation africaine du christianisme dans lequel le sujet de l'écriture cherche à donner une dimension personnelle, voire héroïque, à chacun de ses personnages y compris les plus petits.

Le travail de Zinsou sur la fiction rend plus évident ce que sa virtuosité parodique risquait d'occulter.

Ebrahim Hussein à Dar, en 1995.

16

EBRAHIM HUSSEIN,
POÈTE ENTRE LA MER ET LES MURS...

Naipenda fikira / Iliyojaa / Pana kama bahari /
Nikiogolea / Au nikipaa / Mwishowe si dhariri
(J'aime les idées qui enflent / comme la mer : que je nage ou que je vole / je n'en vois pas la fin.)[1]
(Arusi, 1980, p. 9)

Ebrahim Hussein est difficile à rencontrer et en 1995, je n'étais pas très optimiste sur mes chances. Bonne chance, me dit-on à Dar, mais vous risquez de ne pas y arriver ! Pourtant comme à l'occasion de mes précédents voyages, j'ai retrouvé Ebrahim accueillant et disponible et un vrai dialogue s'est développé. Après une petite introduction en kiswahili d'une dizaine de minutes où je m'efforçais de montrer que je connaissais assez la langue pour apprécier la pertinence de ses commentaires, nous passions le reste du temps à parler anglais. Ebrahim fait souvent référence à l'allemand et jamais mon ignorance de cette langue ne m'a été plus sensible.

1. Cette traduction est de Biringanine Ndagano et Alain Ricard. Les suivantes sont d'Alain Ricard, revues par Elena Bertoncini et George Mertens.

Ebrahim est un poète, mais il n'a pas publié de recueil de ses textes : seulement quelques poèmes dispersés dans divers ouvrages. Pourtant son théâtre et notamment *Jogoo Kijijini* et *Arusi* sont écrits dans un vers libre qui prolonge les recherches sur la libération de la poésie swahili dont l'œuvre de Kezilahabi, Kichomi (1974, traduit en italien par E. Bertoncini) trace un premier état. Entre l'océan des idées, dans lequel le poisson noir (*Samaki mdogo mweusi*, 1980) se jettera et les murs – à commencer par celui de Berlin – qui l'ont toute sa vie enserrée, sa poésie est celle d'un être épris de liberté, qui invente une nouvelle façon d'être swahili, en kiswahili.

Ebrahim a été un militant étudiant de la TANU, le parti nationaliste de Nyerere ; son grand-père maternel a soutenu la TANU dans la région côtière. Ebrahim a aussi fait partie des étudiants qui sont partis au village, dans l'Usambara, où il a passé plus d'un an, dans les années soixante. A la fondation de l'université de Dar il a fait des études de théâtre avec le professeur Fiebach, venu de RDA ; il a aussi été l'assistant de Wilfred Whiteley, fondateur et maître des études swahili modernes. Dès ses années d'étudiant il s'est fait connaître comme poète et comédien. Son poème *Ngoma na vailini* (*Tambours et violons*), qui date de 1968, année où il était étudiant « en théâtre et linguistique », et a été, selon M. Abdulaziz qui le reproduit (Abdulaziz, 1979 : p. 104), « mimé par l'auteur durant une représentation scénique », est devenu une référence obligée quand il s'agit de décrire le conflit culturel. Il s'agit, comme le dit E. Bertoncini dans son ouvrage de référence sur la littérature swahili d'une des *« piu note poesie moderne »* dans laquelle se représente *« il suo conflitto interno in termini simbolici : il violento e sensuale rullare dei tamburi africani e il suono dolce e sereno del violino...* » mais le poète « *non riesce a scegliere tra di essi...* » (Bertoncini, 1985 : p. 22). Le voici :

« *Ngoma na vailini*

Huo, huo mpwitopwito wa ngoma
Unachemsha damu yangu na matamanio yaliyo ladha
Damu iliyopozwa na kubembelezwa
na vailini nyororo, vailini inayonita
kwa huzuni yenye furaha

Sasa nachemka na kupwitapwita
Sasa na furaha na kuburudika
Mdundo wa maisha
raha ya nafsi
wapi niende ?

Lazima ni-swali, lazima niabudu
nimuabudu Allah
Lakini ataisikia sauti yenye panda
Sauti inayotokana na mwenye kuvaa
Kanzu ma msalaba ? »

« Nous y sommes, le tambour bat
faisant palpiter mon sang d'un désir doux
un sang calmé et charmé par le doux violon qui m'appelle
avec une tristesse mêlée de joie

Ou je palpite et je vibre
ou je suis calme et apaisé
le pouls de la vie
le plaisir de l'esprit
vers où aller ?

Je dois prier, adorer
Adorer Allah
Peut-il écouter une voix écartelée
la voix de celui qui porte le boubou et la croix... »

Ebrahim Hussein appartient à une grande famille musulmane de Kilwa où il est né en 1943 : son grand-père était imam de Kilwa et son père Nouredine est l'un des cheiks les plus respectés de la Tanzanie en tant que leader spirituel de la confrérie de la Shadhilia. Diplômé de l'université Al Azar au Caire, lui-même poète, il a fondé soixante-dix medersas dans le sud de la Tanzanie et supervise aujourd'hui la construction d'une grande mosquée dans le quartier de Kariakoo. Au musée national une salle est consacrée à la culture de Kilwa ; au milieu de la pièce trône un lit swahili du XVIIIe siècle dont une plaque nous dit qu'il a été offert au musée par l'imam de Kilwa, grand-père d'Ebrahim.

Après ses années de militantisme TANU et sa licence à la nouvelle université de Dar es Salaam, en 1970 il est parti en RDA, à Berlin, pour rédiger une thèse sur le développement du théâtre en Afrique de l'est. Il est revenu en 1975, date à laquelle il a obtenu un poste à l'université. Il est devenu le premier professeur d'art dramatique tanzanien et il a formé toute la nouvelle génération des écrivains tanzaniens et en particulier Penina Mlama et Amandina Lihamba. En 1986, il a démissionné de l'université ; depuis cette date il n'a plus d'emploi régulier, vit dans la maison de son père et subsiste par les travaux de traduction qui lui sont en général procurés par l'institut Goethe ; il refuse de toucher ses droits d'auteur, disponibles à Nairobi : d'après le directeur d'Oxford University Press, il aurait vendu plusieurs centaines de milliers d'ouvrages ; ses pièces sont sans arrêt au programme des examens de kiswahili au Kenya et en Tanzanie... En 1990 il a été brièvement arrêté et battu par la police kényane pour offense au chef de l'Etat : il avait jeté une chaise sur le portrait du Président qui ornait la cantine de l'université de Nairobi qui venait de lui proposer un emploi de professeur ; depuis cette date les portes des universités kenyanes, où ses livres sont étudiés, lui sont fermées. Sa solitude à la fois timide et farouche lui a valu une réputation d'intellectuel et de poète au caractère difficile. Ses amis sont rares et il vit en fait dans une grande solitude, ponctuée de visites à l'institut Goethe de Dar et à l'Alliance française où il lit la presse internationale.

Nous parlions surtout en marchant, en regardant les maisons, les rues ; ou bien assis au café, jamais chez lui, jamais dans un lieu traditionnel de Kariakoo, le quartier populaire swahili, au centre de Dar, où il habite. Nos rencontres duraient quelques heures et Ebrahim parlait la plupart du temps. Il n'aime pas expliquer ses pièces, y fait peu référence ; par contre il fait souvent allusion à l'actualité, à Shakespeare, à Brecht et au mwalimu Julius Nyerere. Je lui ai dit que je voulais écrire un livre sur lui, mais je n'ai pas souhaité enregistrer ses propos. Après un après-midi de discussion, le soir, je retranscrivais l'essentiel de ce dont je me souvenais ; le procédé est dangereux et je peux mettre dans la bouche d'Ebrahim des paroles qui sont miennes. Je n'avais emporté ni magnéto, ni appareil de photo... Le théâtre est un art de l'éphémère. Je ne voulais pas formaliser nos entretiens, je voulais leur garder un caractère déambulatoire, improvisé, celui d'un échange amical, entre collègues, puisque nous partagions la même admiration pour Soyinka et pour Brecht, bien que ma connaissance de Brecht soit très en deçà de la sienne. Sa principale activité est d'écrire de la poésie. Il m'a confié un de ses textes les plus récents en me demandant de le publier, pour montrer aux collègues et aux lecteurs qu'il continuait à travailler et à créer...

« *Ukuta wa Berlin*

Nilivyoota
Ndivo ilivyo kuwa
Jina la mfanya kazi, walichukuwa
Kujenga ufalme wao
Uso msingi, macho wala pua

Nilivyoota
Ndivo ilivokuwa
Muda haukuchukuwa
Ukuta ulianguka
Haukuwa na msingi, kiuno au muruwa

Nilivyoota
Ndivo ilivokuwa
Ulikuwa ukuta tu – mashine ya kuua
Rangi yake nyekundu
Ni damu ya vijana ilivyowaua

Furaha
Furaha ilikuwa
Kuona kuta zilizoshikana na kuta
Kuta kuinangukia kuta
Zisizo msingi, zisizo muruwa

Kuta
Zilikuwa kuta tu, mashine za kuua
Furaha kujuwa
Kuna muungwana
Mwenye hisi mwenye kujua »

(Ebrahim Hussein, inédit, 1995)

Le mur de Berlin

« J'avais fait un rêve
C'était bien un rêve
Ils avaient pris le nom des travailleurs
Pour construire un royaume
Qui n'avait ni principes, ni regard ni narines

J'avais fait un rêve
C'était bien un rêve
En un rien de temps
Le mur tomba
Ce mur sans principes, sans cou, sans dignité

J'avais fait un rêve
C'était bien un rêve
Ce n'était qu'un mur – une machine à tuer
Rouge de la couleur
Du sang des enfants qu'il avait tués

Joie
Il y eut de la joie
A voir des murs liés à des murs
des murs faire tomber des murs
Qui n'avaient ni principes, ni humanité

Des murs
Qui n'étaient que des murs, des machines à tuer
Il y eut de la joie
De la dignité
Sensible et savante »

Ebrahim vit seul une aventure poétique dans un monde où il considère qu'il n'y a plus de place pour la poésie : partout des murs enferment l'individu et ils ne sont pas tous en béton surmonté de barbelés.

Il comprend parfaitement le reproche d'individualisme : dans une certaine perspective politique pour lui dominante en Tanzanie, il n'y a pas de place pour l'art : ce doit être une arme, ou alors un moyen d'éducation. Il y a une sourate du Coran sur les poètes : « Quant aux poètes ils sont suivis par ceux qui s'égarent... » (Coran, sourate 26). Ebrahim aurait plutôt l'impression que c'est lui qui montre le bon chemin...

Pour lui l'art a ses lois, la littérature comme la sculpture. Quand il compose des poèmes, il trouve d'abord la forme, puis le rythme, puis les mots viennent, mais ils ne sont pas les premiers. Il me dit sa satisfaction de voir son poème *Ngoma na violini* figurer dans le livre classique d'Abdulaziz sur Muyaka. Il l'avait présenté sur scène avec un montage d'enregistrements. Il me mime le début de *Jogoo kijijini*, sa pièce composée en vers libres, tout comme *Arusi*. Il lit de la poésie française : je lui dis que c'est Rimbaud qui a rompu avec le vers. Ebrahim a rompu avec les mètres arabes du kiswahili, comme l'a fait son collègue Kezilahabi dans *Kichomi* (1974).

L'essai de Pierre Pachet, *Un à un : de l'individualisme en littérature* (Paris, 1993), fournit peut être une grille de compréhension de la situation d'Ebrahim. Je raconte cette scène dans mon essai sur Ebrahim. P. Pachet traite de V.S. Naipaul, Salman Rushdie et Henri Michaux. L'Afrique dans laquelle Ebrahim a grandi est celle qui suscite les sarcasmes de V.S. Naipaul. Le frère de V. S., Shiva, a écrit sur la Tanzanie : son livre *North of South* (1978) contient des pages cruellement justes sur la Tanzanie de la fin des années soixante-dix, celle qu'Ebrahim a quittée intérieurement, dans une sorte de longue dérive immobile. L'entretien entre Shiva et les éditeurs tanzaniens en dit plus long que bien des thèses sur le climat intellectuel de ces années, et avec un petit effort d'imagination nous pouvons très bien imaginer la participation muette, mais n'en pensant pas moins, d'Ebrahim à cette scène. Shiva nous raconte que lors de son séjour à Dar es Salaam, à la fin de 1977, il rend visite à une maison d'édition tanzanienne. Il est reçu par trois éditeurs, dont l'éditeur swahili ; la discussion porte d'abord sur son œuvre passée : pourquoi n'écrit-il pas des livres sur la vie des travailleurs dans les plantations ? lui demande-t-on. Ce à quoi Shiva Naipaul ne peut que répondre qu'il ne connaît pas cette vie. Cela lui vaut d'être immédiatement rangé dans la catégorie de membre de la petite bourgeoisie urbaine. Tout le « dialogue » est marqué de la part de ses interlocuteurs tanzaniens par une agressivité condescendante exprimée dans la langue de bois du marxisme le plus simpliste. Le pauvre Shiva Naipaul se fait sermonner sur ce qu'il devrait écrire avant de pouvoir poser une question : « Qu'entendez-vous par développement ? » La réponse vient automatiquement : « La construction d'une société sans classe, le fait pour chacun d'avoir un bol de riz »... Ces nobles objectifs ne semblent pas suffire à notre incurable petit bourgeois qui demande : « Qu'en est-il du développement intellectuel des individus dans cette société ? » Le « camarade » (*ndugu*, frère, était le terme reçu) Moussa ne trouve rien d'autre à répondre que : « Je ne comprends pas ce que vous entendez par développement intellectuel. Est-ce encore un de vos concepts bourgeois ?... » (Naipaul, 1978 : p. 282-283).

La lecture de cette scène de mœurs tanzanienne des années soixante-dix permet de comprendre le genre de frustrations que devait ressentir Ebrahim... On trouve en effet au cœur de la recherche d'Ebrahim la quête d'une vraie liberté intérieure, celle dont les secrets des esprits ou ceux de l'amour seraient la garantie. Peu de temps après, en 1980, dans une autre de ses pièces « incompréhensibles », c'est-à-dire sur lesquelles les critiques tanzaniennes sont très rares, *Arusi*, Ebrahim nous explique que son héros a le droit de se servir dans la caisse du village ujamaa pour aider ses parents : il ne fait que recevoir ce qui lui est dû.

Comme le dit Pierre Pachet, à propos de l'œuvre de V. S. Naipaul, mais cela pourrait s'appliquer à Shiva et à Ebrahim, qui vivent des mêmes refus : « Il y a une angoisse moderne devant la politique, contemporaine sans doute de l'approfondissement de la démocratie moderne : elle se fait sentir surtout dans les pays qui se dégagent de la colonisation, pays appauvris, et dont les élites ont eu à subir l'épreuve psychologique de la dépendance à l'égard d'une métropole admirée et jalousée. Devenir réellement indépendant dans ces conditions, est incomparablement plus difficile que de se laisser bercer par l'idéologie justificatrice qui fait de vous une victime pour toujours et accumule sur l'ancien colonisateur, sur le marchand d'esclaves, sur le raciste la totalité de la faute... » (Pachet, 1993 : p. 107). Le théâtre poétique d'Ebrahim est la chronique de cette libération, tout comme le livre d'enfant qu'il a traduit, *Le petit poisson noir*, d'après l'œuvre de l'écrivain iranien Samad Behrangi, histoire d'un petit poisson qui choisit la liberté de la mer, au lieu de rester bien tranquille dans sa petite rivière...

« *Nimpendae*
Ana sura mbili
Moja huvaa mchana
Moja usingizi unapomfadhili
Na hii wakati imeukabili
Kuutazana
Makwinyazi juu yake kjifanyia »
(Arusi, 1980 : p.19)

« Celle que j'aime a deux visages
L'un pour le jour
l'autre quand la paix du sommeil la retient
Et ce visage le temps l'a rencontré et l'a regardé. »

Hubert Ogunde pense en yorouba (extrait d'un roman-photo, 1975).

17

Les Wazobiens, les Bendelites et les autres...

Le Nigéria est le pays le plus peuplé d'Afrique et présente un exemple de tous les problèmes du continent, en particulier du problème linguistique. J'ai effectué de nombreux voyages d'étude au Nigéria et cherché à comprendre comment une politique linguistique pouvait se formuler, puis se mettre en place. Dans ce pays les Wazobiens, représentants des grands groupes ethniques de plusieurs dizaines de millions de personnes, ne peuvent imposer leur volonté – qui de toute façon n'est pas identique – aux Bendélites – habitants d'un état éphémère formé de la réunion de groupes ethniques variés –. De plus, le Nigéria est le pays de Wole Soyinka qui a montré ce que l'on pouvait faire de l'anglais en Afrique. En Tanzanie les grands groupes ethniques se sont entendus sur une nouvelle langue commune, le kiswahili. Leur exemple n'est pas facile à imiter et demeurera peut-être unique !

Connaissez-vous le guosa ? Parlez-vous wazobien ? Vous n'êtes pas un bon fédéraliste si tel n'est pas le cas ! Ces deux idiomes sont le produit du désir d'unité nigériane rêvé par des esprits fertiles, mal inspirés par l'exemple de l'espéranto. Pour faire du guosa, rien de plus simple : vous prenez des mots de haoussa et des mots de yorouba ; vous les disposez les uns à la suite des autres et cela donne quelque chose du genre de *nagode pupo* pour dire « merci beaucoup », à partir de *nagode* (merci en haoussa) et de *pupo* (beaucoup en yorouba). Qui choisit les mots ? Qui définit la syntaxe ? L'inventeur du guosa, M. Igbineweka, technicien à la télévision, créateur de cette nouvelle langue, dont il est le seul locuteur, le seul dictionnaire, la seule grammaire, et le meilleur défenseur : « Si nous parlons d'unité nationale à travers une langue commune, le guosa est la solution... Cette langue n'appartient pas à un seul de nous : elle provient de nous : elle est la démocratie linguistique. »

Emissions de télévision, articles de journaux ont salué cette initiative qui reprend d'une manière plus systématique, et plus délirante, le rêve du wazobien... Il s'agissait cette fois, durant le gouvernement militaire qui précéda la deuxième République civile, de forger une langue nationale à partir, non plus de toutes les langues du pays – ce qui est l'originalité du guosa, qui n'emprunte pas qu'au haoussa et au yorouba –, mais à partir des trois langues principales qui sont le haoussa, le yorouba et l'igbo : ainsi le nom même de la langue était-il forgé à partir du terme signifiant « venir « dans ces trois langues (*wa*, yorouba ; *zo*, haoussa ; *bia*, igbo). Le projet avorta, du fait, remarque Ben Olugbe, citant le jugement fortement euphémisé d'A. Bamgbose, professeur à l'université d'Ibadan et principal architecte de la politique linguistique nigériane, « de l'accueil peu favorable rencontré chez les spécialistes ». On comprend l'irritation manifestée par les linguistes nigérians devant ces initiatives farfelues, qui trouvent parfois une oreille attentive chez les gouvernants, qui leur offrent des subventions ! Cette créativité linguistique est néanmoins un symptôme : celui de la volonté d'arriver à une langue nationale par des raccourcis, par une voie technique et non culturelle ; or en matière de langues, il n'est pas de chemin de traverse : rien ne remplace une véritable politique linguistique, qui prend du temps et de l'argent.

Les principes fondamentaux d'une politique linguistique au Nigeria ont été énoncés en 1977 et n'ont pas changé. Ils sont au nombre de deux : le principe du respect de la langue maternelle et le principe du multilinguisme ; ils ne se conçoivent pas indépendamment l'un de l'autre. Ayo Bamgbose a très clairement défini les points de départ de cette politique : « la langue maternelle (doit) être utilisée comme véhicule de l'instruction aux débuts de la scolarisation ; (...) chaque enfant doit apprendre une des trois langues nigérianes principales, en plus de sa langue maternelle et de l'anglais. » Les trois langues principales sont les langues des Wazobiens : le haoussa, le yorouba et l'igbo ; au moins la moitié des états de la Fédération peuvent être considérés unilingues dans l'une de ces trois langues : haoussa, yorouba, igbo. Le mouvement d'intégration nationale passait, dès 1977, par l'apprentissage d'une de ces trois langues principales. Ce mouvement s'est amplifié depuis la fin du régime civil, et l'année 1987 a marqué, au moins sur le papier, une étape importante dans ce mouvement. Le Bureau politique recommandait en effet au gouvernement, à l'article 273 de son document d'orientation, que « les trois langues principales soient adoptées comme langues nationales, et enseignées dans toutes les écoles primaires et secondaires du pays ». Dans sa réponse, le gouvernement accepte cette recommandation et note qu'elle se situe tout à fait dans le cadre de sa politique éducative – celle qui a été adoptée en 1977.

Au même moment, cependant, le gouvernement annonçait qu'il levait le caractère obligatoire de l'enseignement des langues nigérianes (cité dans *The Guardian*, Lagos, 13-8-87) devant les difficultés soulevées par l'absence de professeurs... Présentée comme temporaire, cette mesure témoigne de la complexité de la tâche qu'affronte un gouvernement qui essaie de réformer l'éducation dans une situation de crise économique.

Un vaste chantier de rédaction de programmes a été entrepris depuis plusieurs années dans toutes les disciplines. Les écoles normales ont été invitées à former des professeurs bivalents, c'est-à-dire capables d'enseigner deux matières, dont souvent une langue nigériane. Tout ceci se déroule évidemment dans une conjoncture très difficile, puisque, selon un chiffre qui m'a été communiqué en 1987, par la directrice du *National Language Center*, il n'y avait que 11 % des professeurs nécessaires à l'enseignement des langues nigérianes.

L'enjeu de toutes ces réformes est essentiel. Personne ne remet en cause le statut de l'anglais comme langue des relations internationales et d'un certain accès à la modernité. Pourtant la notion de fédéralisme devrait permettre une plus large expression des différences culturelles et linguistiques. Le modèle de planification linguistique retenu s'efforce de concilier le respect des minorités et l'appui à ces grandes langues africaines que sont le haoussa (50 millions de locuteurs), le yorouba (20 millions) et l'igbo (20 millions). La fédération ne peut vivre que dans l'équilibre de ces trois composantes – les Wazobiens – entre elles ; dans l'équilibre entre ces dernières et les états fortement multilingues, comme le Bendel de naguère, le Plateau ou le Taraba, sans compter les quelques états unilingues, non wazobiens, comme l'état de la Cross et le nouvel état d'Akwa Ibom (de langue efik/ibibio). Le discours fédéraliste d'une construction nationale harmonieuse se trouve ici soumis à l'épreuve des faits. Comment éviter que les trois principaux groupes n'écrasent les autres ? Comment laisser s'exprimer les minorités linguistiques, en particulier dans le nord ? Peu d'écoles enseignent une langue autre que celle de leur région géographique : on n'enseigne que rarement l'igbo dans l'ouest ou le yorouba dans le nord... Les universités ne donnent pas l'exemple : les départements de langues nigérianes à Ifé ou à Kano enseignent la langue de la région et pas les autres langues du pays. Des échanges de professeurs sont prévus entre les divers états ; à notre connaissance ils viennent tout juste de commencer. Telle pourrait pourtant être une des fonctions du service civique auquel tous les diplômés de l'enseignement supérieur (filles ou garçons) sont astreints, en principe dans une région autre que leur région d'origine.

Pour Julius Nyerere, l'ancien président de la Tanzanie, traducteur de Shakespeare en kiswahili :

« l'anglais est le kiswahili du monde » (*Daily News*, Dar es-Salaam, 20 juillet 1988), et cet aphorisme résume bien les réussites, mais aussi les limites de la swahilisation de la Tanzanie, qui est le modèle d'une politique linguistique réussie. Le choix en faveur de deux langues officielles, l'anglais et le kiswahili, s'est traduit dans les faits ; la généralisation de l'enseignement primaire, à partir de 1977, a produit une génération de Tanzaniens à peu près ignorants de l'anglais, capables de lire et d'écrire le kiswahili, qui très souvent n'était pas leur langue maternelle : une étude récente montre qu'en fin du secondaire les trois-quarts des élèves ne comprennent pas un roman simple en anglais ; or ce « kiswahili du monde » est toujours nécessaire à une éducation secondaire et supérieure, de l'avis des responsables tanzaniens. Le calendrier adopté en 1981, qui prévoyait la swahilisation du secondaire en 1985 et celle du supérieur en 1989, a été reporté et un grand débat national se poursuit sur la politique linguistique. Ce report ne fait pas l'affaire des écrivains tanzaniens, qui voient leurs futurs lecteurs s'éloigner au moment où ils s'apprêtaient à les conquérir. Nyerere a sans doute raison d'être prudent : face à l'anglais et aux Bendelites, les Wazobiens de Tanzanie se sont mis d'accord et il a fallu vingt-cinq ans pour bâtir une langue littéraire nationale, officielle, dans laquelle on écrit des livres !

Sony et ses admirateurs, 1984
(photographie Guy Lenoir)

18

FRANCE, MÈRE DES ARTS, DES ARMES ET DES LOIS...

En trente ans le français s'est imposé dans de nombreux états comme la véritable langue véhiculaire, en particulier en Côte d'Ivoire. Mais est-on justifié pour autant à faire d'un instrument commode une valeur ? Je ne le crois pas et je pense que trop d'esprits en France entretiennent la confusion.

Cet article a été écrit à partir de la lecture, souvent urticante, des ouvrages suivants consacrés à la francophonie : Gabriel de Broglie, Le Français pour qu'il vive *; Claude Hagège,* Le Français et les siècles *; Thierry de Beaucé,* Nouveau discours sur l'universalité de la langue française *; Michel Tétu,* Francophonie : histoire, problématique, perspectives. *La situation, quinze ans plus tard, n'a pas changé et Claude Hagège a toujours raison.*

Le mouvement francophone est né à Niamey en 1969. L'Afrique noire lui a toujours fourni ses gros bataillons, et il en ira sans doute de même dans l'avenir : au taux actuel d'accroissement de sa population, le Congo sera dans moins de vingt ans le « premier pays francophone du monde » si nous comptons les Francophones à la manière de G. de Broglie. Pourtant le fait est important : un pays d'Afrique noire sera le plus important pays ayant le français comme langue officielle, même si un faible pourcentage de sa population y parle le français. Or dans tous les ouvrages récents, l'Afrique noire est bien la parente pauvre de la francophonie. Les Africains noirs sont en somme les tirailleurs de la francophonie : sommés de fournir les troupes, mais sans droit à la parole.

Les considérations linguistiques qui émaillent ces divers ouvrages montrent une ignorance assez curieuse des situations africaines, qui serait étonnante, si elle n'était pas, comme le remarque Claude Hagège, aussi répandue dans notre pays : « C'est pourquoi, il ne serait pas absolument utopique que dans les écoles et les universités, à Paris et dans les grandes villes de province une action soit entreprise en vue d'aiguiser au moins la curiosité pour l'amharique, le bambara, le haoussa... » (p. 202). Le président de Radio France Internationale pouvait bien, à un récent colloque sur Francophonie et Culture, se glorifier de la nouvelle sensibilité multilingue de RFI et ne rien trouver d'anormal à ce que cette radio n'émette dans aucune langue africaine : or, en adoptant ses propres critères, ne serait-il pas bon de faire connaître la France en kiswahili ou en haoussa aux futurs acheteurs de Peugeot à Nairobi ou à Kano ? Ne serait-il pas bon de développer l'enseignement de quelques grandes langues africaines comme l'amharique, le kiswahili, le lingala ou le haoussa, en dehors de filières spécialisées comme celles de l'INALCO ?

Remarquons en passant que cet institut enseigne les langues et les civilisations orientales, et que l'Afrique ne figure même pas dans son intitulé. L'idée de concevoir les langues de l'Afrique comme des langues de culture modernes n'est pas encore admise dans notre pays à la différence du reste de l'Europe. Pourquoi ne pas avoir un CAPES ou une agrégation de kiswahili ? Le livre de C. Hagège déplore le manque de curiosité des Français pour cette Afrique à laquelle ils croient avoir donné leur langue. La cause semble entendue : une partie de l'Afrique doit parler français ; les écrivains ne sont-ils pas là pour nous en persuader ? Ne sont-ils pas les vecteurs privilégiés de cette modernité que notre langue est censée véhiculer ?

Le discours sur les valeurs de la francophonie, qui fondait les vaticinations incantatoires de Malraux en 1969, lors de la Conférence de Niamey, survit sous d'autres formes. L'idée – fausse – qu'une langue contient des valeurs qui lui sont propres – clarté, ordre, et évidemment beauté du français – a été remplacée par l'idée, juste mais un peu courte, qu'il est bon d'avoir un instrument de communication international, et que, tant qu'à l'utiliser, autant se l'approprier ! D'où un *Dictionnaire du français d'Afrique noire*, une reconnaissance des usages locaux du français et même la revendication d'une africanisation du français, un peu à la manière de l'américanisation québécoise. Ce nouveau réalisme ne suffit pas. Tout d'abord il gomme en partie la dimension proprement africaine : que faire du sango, du kiswahili, du haoussa ou du wolof ? Il faut penser un nouveau bilinguisme. De plus le discours sur la valeur resurgit insidieusement, porté cette fois par une partie de la gauche française, soutenue par une fraction de la jeunesse intellectuelle africaine. A une écriture « sapée » correspond un discours « branché » sur les droits de l'Homme, et en particulier sur la commémoration de la Révolution française. Mère des arts, des armes et des lois, la France éternelle trouvera l'Afrique au rendez-vous : Brazzaville répondra à l'appel de Paris !

Comment interpréter autrement un article publié dans une revue contestataire togolaise par Sony Labou Tansi dans lequel celui-ci adjure, dans une revue togolaise, *Propos scientifiques*, en mars 1988, François Mitterrand de se représenter à l'élection présidentielle française, en des termes d'une grandiloquence qui laisse perplexe : « Tous les humanistes et tous les démocrates du monde, vous le savez, peut-être, vous demandent de vous représenter aux élections de votre pays... » Sony Labou Tansi a été entendu : le succès de sa missive aurait dû, à mon sens, l'inciter à récidiver en suggérant, par exemple, à Mobutu de se mettre à la retraite anticipée...

De telles interventions posent bien la question d'un espace francophone, concept issu de la Conférence des chefs d'état. La priorité des écrivains est-elle l'espace francophone, leur espace national ou un espace interafricain ? L'espace francophone n'est-il pas quadrillé par ce qu'un participant à la Rencontre sur Francophonie et Culture appelait, à juste titre, « un directoire franco-québécois » ? L'attrait français pour la francophonie se nourrit, à l'heure actuelle, de beaucoup d'ambiguïtés, mais aussi de beaucoup d'ignorance. La rencontre de Lagos a bien montré les difficultés d'imbrication des réseaux culturels francophones et anglophones en Afrique.

Près de soixante écrivains francophones, venus de douze pays différents étaient au Nigéria deux ans après le Nobel de Soyinka pour y rencontrer leurs collègues nigérians. Ce fut un énorme et passionnant malentendu : un grand succès ! Il fallait voir pester Ahmadou Kourouma contre le terrorisme intellectuel nigérian ! Entendre Biodun Jeyifo – sans doute le meilleur représentant de l'intelligentsia critique nigériane – racoler à la dernière minute les mânes de Cheikh Anta Diop pour les inclure sur une motion, dans l'espoir maladroit de plaire aux Francophones... « Mais Cheikh Anta Diop vit dans nos cœurs ! » s'exclama outragé un jeune romancier francophone... « Pas très matérialiste, votre remarque », rétorqua le Nigérian, cette fois beaucoup plus près de l'esprit de Cheikh Anta.

« Si nous avions su que nous venions pour défendre les Nigérians contre leur gouvernement, nous serions restés chez nous... » était une des remarques souvent entendue dans le colloque. En somme, puisqu'il faut être récupéré, vaut-il mieux l'être par la France, « Mère des Arts... » en Afrique aussi, ou par l'Association des écrivains nigérians, dans sa lutte pour la liberté d'expression ? La préférence affichée pour le premier terme de cette alternative est sans doute ce qui suscita la question, inquiète et pertinente, que me posa Njabulo Ndebele, président de l'Association des écrivains sud-africains : « Pourquoi sont-ils si "réac" (*right wing*) ces francophones ? » Imaginez mon embarras : être réactionnaire, qu'est-ce que cela veut dire en Afrique du sud, au Nigeria, au Togo, en France ? J'ai répondu en parlant de la difficulté pour les écrivains des pays francophones à avoir une parole autonome face à des ministères, à des ambassades. Ne pas être réactionnaire cela voudrait peut-être dire utiliser sa petite marge d'autonomie pour s'intéresser à ce qui se passe chez le grand-frère anglophone, même si les diplomates ne sont pas d'accord.

Mais qui peut parler au nom des écrivains ? Les plus originaux des créateurs sont souvent les plus fantaisistes : l'actuaire Kourouma, le professeur de mathématiques Sassine ou le biologiste Monenembo n'ont pas grand-chose à dire sur la littérature qu'ils font ; elle parle toute seule.

A Lagos régnait la confusion des genres : les écrivains étaient sommés de jouer aux intellectuels totaux, comme en son temps L. S. Senghor le faisait si bien. Ce n'est plus possible aujourd'hui : l'Afrique est vaste, les situations complexes et différentes. Or la francophonie s'est longtemps nourrie de la négritude, c'est-à-dire d'une parole générale – généreuse ? – sur l'Afrique noire, aujourd'hui épuisée, et dont rien n'a pris le relais.

Une bonne francophonie sera celle qui fera du français l'instrument d'une meilleure connaissance de l'Afrique et non de l'Afrique uniquement un spectacle pour la France !

Michèle Laforest et Amos Tutuola à Ibadan en 1984.

19
Les chances d'Amos Tutuola

Enseigner le français et la littérature en Afrique de l'ouest au début des années soixante-dix, c'était prêcher la norme ! Parler du français comme d'une langue seconde était déjà faire du mauvais esprit ! La linguistique appliquée qui fleurissait partout s'appliquait surtout à mieux enseigner le français. Les créateurs originaux étaient un peu hors norme : j'ai souvenir des ricanements de mes collègues coopérants devant les feuilletons de Félix Couchoro ! Voilà un auteur qui n'avait jamais mis le pied en France, avait écrit trois mille pages en français, et ne récoltait que moqueries, alors qu'il aurait dû servir de modèle ! Au Nigéria voisin, Amos Tutuola avait connu le même sort ! Seulement il avait eu une première chance : celle d'être traduit par Raymond Queneau... Et il en eut une seconde : les merveilleuses traductions de Michèle Laforest, qui elle aussi refusait le culte de la norme !

Amos Tutuola est décédé en mai 1997. Auteur de sept livres, publiés chez Faber, l'éditeur de T.S. Eliot, il a été salué dès son premier texte par Dylan Thomas. Raymond Queneau traduit son premier roman dès 1953. Il faut attendre trente-cinq ans pour que paraisse une autre traduction (*My life in the bush of ghosts* : « Ma vie dans la brousse des fantômes ») due à une romancière discrète, qui a suivi les traces de Queneau et a pris conseil de lui pour produire un texte qui est à notre sens un remarquable exercice de traduction. Michèle Laforest, traductrice et romancière, est l'auteur sous le nom de Dussoutour d'un essai sur l'écriture de Tutuola : *Amos Tutuola et l'écriture du conte* (1976), qui contient une réflexion sur le passage de l'oral à l'écrit. J'ai eu le privilège d'être à Lomé le collègue de Michèle Laforest et d'animer en sa compagnie le Cercle de lettres modernes de la toute nouvelle université du Bénin. La traductrice de Tutuola écrivit à ma demande un essai sur l'expérience de la traduction de Tutuola (Laforest, in Ricard, 1997). L'anglais de Tutuola est l'anglais que l'on peut entendre dans les rues d'Ibadan, ce qui donne à son écrit un tour parlé, très étrange aux oreilles d'un Européen. Dans son essai sur l'écriture du conte, elle remarque : « Tutuola écrit tous ses récits, sauf un, à la première personne [...] La perte de l'oralité est ici compensée car le "je" prend à son compte le jeu, la marge de liberté du conteur. Interventions, mimiques démonstratives, effets de voix, tous les effets d'oralité trouvent le relais dans des effets ici différents, qui sont la fantaisie, l'humour, la participation personnelle permanente de l'auteur » (1976 : p. 32).

Ces remarques me paraissent très importantes pour comprendre le rapport du sujet à son discours et la place du sujet dans l'histoire. Tutuola assume son discours : *Ma vie dans la brousse des fantômes* ou *L'ivrogne dans la brousse* sont des monologues. Les quêtes fantaisistes et les malheurs épouvantables qui nous sont rapportés sont ceux du héros... Ce monologue est un récit, mais un récit au style direct, à la première personne. Pourtant il ne s'agit pas de théâtre : mettre sur scène le narrateur ne peut pas fonctionner sans adaptation. Nous avons essayé : il a fallu récrire le texte français et même le texte anglais. Ces expériences nous ont permis de comprendre l'originalité du texte de Tutuola : récit-monologue, texte écrit qui mime l'oral, mais qui mime l'oral sans être du théâtre. Récit d'expériences imaginaires et discours branché sur le flux qui se déverse de l'inconscient. Quel "je" est ce "je" ? Courageux mais prudent : le personnage construit dans le discours est celui qui s'insère dans l'histoire et dans la langue. Il est assez ambitieux – et il n'y a pas que de l'inconscience dans cette ambition – pour oser écrire comme il parle et pour continuer. Son texte n'est pas le produit d'une stratégie scolaire. Il ne cherche ni la correction, ni la norme. Il est parfaitement « vulgaire », produit de la rue et d'une scolarité « perturbée » dit M. Laforest. Il est bien plus vulgaire que les textes en yorouba qui nous narrent des histoires de chasse... En yorouba se reconstitue une stratification sociale et les écrivains yorouba possèdent la maîtrise des niveaux de langue, ce qui n'est pas le cas d'Amos en anglais et produit ces effets incongrus résultant du collage d'éléments disparates. Cette vulgarité est celle des bricoleurs qui ramassent des détritus dans les bidonvilles pour créer des sculptures et parler d'une Afrique de la récupération et du bricolage, du dumping... Ce contact direct et fort avec des réalités que la « classe moyenne » ne veut pas voir assure la pertinence de leur témoignage porté par un sujet, à la fois égaré et prophétique. Wole Soyinka était déjà en 1963 au sommet des hiérarchies et il salua Amos Tutuola, l'ancien planton : il y avait là pour employer une métaphore électrique, du genre de celles qui sont chères à Amos Tutuola, comme un court-circuit générateur de l'étincelle de la littérature nigériane.

Il y a sans doute moins d'emprunts directs au yorouba chez Tutuola que d'emprunts à l'ewe chez Félix Couchoro. Pourtant son écriture est d'une inventivité perpétuelle et nous mène de surprises en surprises. Comme le dit fort bien Jean-Louis Joubert à propos de Fily Dabo Sissoko et de Jean Joseph Rabéarivelo : « Sissoko et Rabéarivelo traduisent, je veux dire que leur poésie, leur langue d'origine, sont présentes dans leurs poèmes français ; ceux-ci fascinent par la part d'obscurité qu'ils ramènent de leur passage d'une langue à l'autre » (Joubert, 1991).

Part d'obscurité, part de fantaisie, part de fantastique, pleinement assumée chez Amos Tutuola, dans une sorte d'inconscience jubilatoire, qui a eu aussi la chance d'avoir T. S. Eliot comme premier lecteur et Dylan Thomas comme critique. Cette langue première, tissée dans le texte écrit, est celle que j'appelle le discours métissé. La position du traducteur est ici subtile : on ne peut traduire Tutuola en parsemant le texte d'indices d'africanité qui signaleraient une région et finalement nous ramèneraient à la problématique du roman colonial de Félix Couchoro, à ses accès d'ostentation, à ses sursauts d'authenticité !

« Une autre forme s'est aussi présentée pour rendre le ton parlé du livre : l'inversion. J'ai, je dois dire, beaucoup usé de l'inversion et des "ça alors", "eh bien voilà"... Si bel et bien qu'un correcteur de la maison Belfond, Africain francophone, stagiaire fraîchement engagé et brûlant d'un beau zèle, avait corrigé ma traduction, page après page, pour la remettre en beau langage » (Laforest, 1997).

Il n'y a que deux emprunts au français d'Afrique dans le texte de Michèle Laforest, mais il y a en revanche un effort pour se couler dans le sujet, qui a mis en place un subtil mécanisme de distanciation intralinguistique qui fonctionne au niveau syntaxique, qui est cette voix du rythme, qui inscrit le sujet dans l'histoire. Le narrateur auteur ne revendique aucun magistère : il est là, assez sûr de lui, pour imposer son rythme chaotique et surprenant à la phrase et pour ne pas s'en laisser conter quand nous songerions à élever des objections contre ses barbarismes et ses néologismes hasardeux. Le narrateur est aventureux, courageux ; il lutte pour sa survie dans un monde absurde et violent. Il est dégoûté par les fantômes puants qui organisent des élections dans lesquelles le plus puant l'emporte ; il accepte le monde tel qu'il est : les vaches sont les vaches, et il sait se mettre à danser quand il est transformé en tam-tam. Notre adhésion à son attitude entraîne notre adhésion à sa voix : ses acrobaties syntaxiques ne sont que l'expression de sa hardiesse et de son imagination pratique.

En somme, il serait bien le Yorouba moyen, c'est-à-dire le type idéal du chasseur yorouba, si nous acceptions que ce concept soit tout autant une construction poétique que statistique...

Les rythmes des tambours yorouba sont complexes à analyser : on peut le faire et ainsi les reproduire, voire en publier les transcriptions. Traduire, c'est transcrire la partition : encore faut-il avoir analysé la matrice du rythme. La force de Tutuola est de mettre par écrit un "je" de la narration qui est un pseudo "je" de conteur. Il se trouve alors dans une position historique hyperlégitime – celle de gardien de l'oralité – trop confondue avec l'archaïsme, alors qu'il raconte tout autre chose dans *Ma vie dans la brousse des fantômes* : les divagations et la quête d'un réfugié qui n'a qu'une chose en vue : rentrer chez lui...

Dépourvu de capital culturel, Amos Tutuola n'a aucune subtile stratégie de pénétration du champ littéraire. Il n'a pas cherché à se faire reconnaître comme écrivain, puis à démontrer qu'il était un bon Nigérian. En d'autres termes il a si peu de capital culturel qu'il n'a même pas de représentation du champ littéraire..., à la différence de Félix Couchoro, son contemporain togolais, toujours à courir après une réussite qui, pour lui, ne pouvait s'obtenir qu'à Paris. Félix Couchoro a été victime du modèle de la littérature coloniale, qu'il voulait dépasser, mais ce faisant il se plaçait sur un terrain qu'il aurait fallu quitter. Il voulait écrire comme Jean Francis-Bœuf, auteur de *La Soudanaise et son amant* : il voulait écrire un roman colonial « vu de l'intérieur », avec l'avantage comparatif d'être lui-même un Africain... Cette fascination pour le modèle européen français l'a engagé dans une impasse esthétique. Il ne peut que rabâcher les mêmes leçons alors que le monde change. Ses textes sont lisibles, mais son écriture est bloquée : son discours s'inscrit dans le champ de la domination culturelle, ce que j'ai appelé une écriture en situation de diglossie. Amos Tutuola échappe à ce modèle. Il ne s'agit pas là d'une avancée solitaire, sans lendemain, d'une sorte de « hapax ». On peut le traduire, et son exemple vaut aussi en français. Ce qui a intéressé Raymond Queneau et Michèle Laforest est reproductible. Les rythmes yorouba ou ewe peuvent fonctionner en français : il suffit de trouver les clés d'équivalence. Un des disciples de Tutuola, Ken Saro-Wiwa, le malheureux écrivain nigérian pendu en 1995 pour ses activité de défense des droits des Ogoni face aux compagnies pétrolières, disait écrire dans un anglais « *rotten* », pourri. Son admirable livre, *Sozaboy*, a été certes traduit, dans une variante de « petit nègre », mais l'expérience ne me paraît pas convaincante. Le français est-il imputrescible ? Certes non, mais il faut avoir suffisamment confiance en la force et l'autonomie de son écriture pour arriver à imposer son discours métissé et ce métissage ouvre toutes les portes. Cette expérience demande un peu de temps... La « signature d'une voix » est toujours complexe à percevoir, mais elle est seule à donner à l'œuvre la garantie de durer...

Kossi Efui et Kangni Alem en 1993 :
génération post-Eyadema ?
(photographie Guy Lenoir).

20
Génération Eyadema

Je suis arrivé au Togo en septembre 1970. Etienne Gnassingbe Eyadema était au pouvoir. Les étudiants supportaient mal de se voir commandés par un ancien sergent qui écorchait le français. Ils me dirent, en confidence, que le régime n'en avait que pour six mois : c'était il y a plus de trente ans. Ils avaient oublié un point essentiel : il y a plusieurs types de connaissance, comme me le confirma un jour Balandier, citant son prédécesseur Gurvitch. Il n'y a pas que la connaissance scientifique à laquelle aspiraient les étudiants, il y a la connaissance politique et dans ce domaine l'exercice du pouvoir est une excellente formation permanente. Pour une grande partie de la population togolaise, dont plus de la moitié a moins de vingt-cinq ans, il est le seul homme d'Etat de leur pays qu'ils aient connu ; aussi n'est-il pas exagéré de dire qu'il aura marqué de son empreinte toute une génération, qui peut, à bon droit, pour le meilleur et pour le pire, porter le nom de génération Eyadema. Le général est décédé alors que ce livre était sous presse.

En 1963, l'écrivain togolais connu était Félix Couchoro, journaliste à *Editogo*, qui publiait dès cette époque des romans feuilletons dans *Togo-Presse*. En 1964, il devait donner un roman en volume : *L'Héritage, cette peste*. Célèbre grâce au journal, Félix Couchoro avait des lecteurs locaux. En 1989, l'écrivain togolais le plus connu, tant à l'extérieur qu'à l'intérieur de son pays, est Senouvo Agbota Zinsou. Sa pièce, *La Tortue qui chante*, emmenée en tournée dans toute l'Europe, mais surtout lue et vue par tous les élèves du secondaire au Togo est appréciée par les publics lycéens qui retrouvent souvent Zinsou au programme des représentations théâtrales.

Voilà plus de trente ans qu'est née la république autonome du Togo et, hormis Couchoro, au Togo même, aucun romancier ne s'est imposé. Il a fallu que Kossi Efoui, ou Kangni Alem, partent pour que le Togo d'Eyadema surgisse dans le roman. Il y a à cette situation des raisons qui tiennent à la nature même de l'entreprise romanesque dans sa situation historique : l'Afrique de l'ouest francophone, mais une Afrique de l'ouest qui comprend aussi le Congo.

Comme les œuvres de Kundera, de Soyinka ou de Luandino Vieyra nous le rappellent, l'entreprise romanesque est appropriation et prise en charge de la langue, mais aussi de l'histoire. Cette appropriation de la langue peut se faire en consonance avec le peuple, mais aussi en anticipation de l'écho qui sera renvoyé. Couchoro s'est bien approprié le français qu'il a su arranger à sa manière pour le plaisir de ses lecteurs, le nôtre y compris. Pourtant, il n'a pu dans son texte romanesque réfléchir librement sur l'histoire de son pays. S. A. Amegbleame montre comment il a togolisé certaines intrigues et fabriqué un décor togolais là ou le roman original se passait au Dahomey : le nationalisme togolais était certainement une des composantes essentielles de son idéologie politique. Pourtant, nous ne trouvons pas dans ses textes la même mise en question libre du destin de son pays. Nous ne la trouvons que dans les textes inédits, ou dans un feuilleton intitulé *Les Dix plaies de l'Afrique* et dont le titre général constituait en quelque sorte une protection contre une application trop directe au cas des plaies togolaises.

Félix Couchoro a bien tenté une appropriation de l'histoire et une prise en charge de la langue, sans lesquelles le roman ne peut asseoir sa puissance d'évocation et de réflexion. Pourtant il n'a pas réussi et cela pour plusieurs raisons, qui n'enlèvent rien, bien au contraire, à l'intérêt de son œuvre. Il voulait faire une œuvre populaire, destinée à un large public, mais en français ; or il n'y avait pas, il y a un quart de siècle, de large public francophone. Il a eu beau togoliser avec inventivité et astuce le français, il ne pouvait, sur le terrain de la créativité populaire, supplanter l'ewe, langue de la capitale. Pourtant son œuvre montre la voie : au lieu d'opposer le français de France à une langue africaine, il ose une appropriation du français qui seule permet au roman de se déployer avec sa propre voix. Peut-être fut-il trop timide ? Il osa pourtant ! Son rapport à l'histoire était, lui, beaucoup plus problématique : le nationaliste fervent est vite devenu un critique de ce qu'il appelait « l'indépendance octroyée ». Le dénonciateur de la « plaie régionaliste » – le tribalisme –

est aussi celui qui dans ses trois mille pages de roman ne trouve place que pour un seul personnage nordiste : un monstre sanguinaire, tout droit sorti du mythe colonial des barbares du Nord. Or Couchoro laisse émerger le mythe au moment même où, au Togo, le pouvoir passe du sud au nord, après l'assassinat du président Olympio... Fâcheuse coïncidence !

Ces incohérences empêchent le texte romanesque d'affirmer une voix autonome : elles le font trop dépendre de mythes et de préjugés qu'il ne peut, à la manière de Céline par exemple, faire exploser par sa propre puissance verbale et dans lesquels il s'englue. Félix Couchoro montre la voie d'un roman populaire à un moment où le français n'est parlé que par les élites. Il se veut un guide spirituel, sans avoir la lucidité de mettre en question dans son œuvre les structures de la société dans laquelle elle se situe. Son exemple est très significatif de l'incapacité du roman en français à devenir un genre populaire en Afrique de l'ouest ; mais son effort d'appropriation de la langue a été fécond : il est sans doute celui qui a été, avant Kourouma, le plus loin dans la voie d'une africanisation du français ; mais à la différence de Kourouma, dont la lucidité historique est éclatante, Félix Couchoro s'est laissé piéger par les contradictions des premiers nationalistes togolais, émanation d'un groupe étroit de côtiers qui prétendaient parler pour tout le pays.

Or, après Couchoro, il n'y a plus de romancier au Togo : V. Aladji est l'auteur de quelques nouvelles bien tournées et d'un roman peu convaincant ; Y. E. Dogbeh essaie de se faire un nom en s'auto-éditant ; enfin, le prix du président Eyadema couronne en Koffi Gomez un laborieux illustrateur des slogans officiels sur la « Révolution verte », dans *Opération Marigot.* L'absence de liberté d'expression, l'impossibilité du débat critique à l'intérieur du pays empêchent le romancier de puiser aux sources de la créativité verbale et politique populaire. Tout l'univers contestataire dont Comi Toulabor a fait l'étude dans plusieurs articles de *Politique africaine* ne peut apparaître dans une fiction destinée au pays : elle y serait interdite ou mise à l'écart. L'ankylose morale qui sévit dans le pays et dont Antoine Ganda et Comi Toulabor font état en introduction de *Togo authentique*, numéro spécial de *Politique africaine*, a stérilisé la création romanesque qui ne vit que dans les milieux bouillonnants d'idées et de projets. La génération Eyadema n'aura pas été la génération du roman : seul Couchoro, qui était d'abord un rescapé de la génération précédente, la génération Olympio, aura entrevu les voies d'un roman togolais sans toutefois réussir à le mener à bien.

Cette génération aura-t-elle été celle de la poésie ? Jean-Louis Joubert a analysé les limites de la poésie togolaise en français. Je partage ses conclusions sévères, mais éclairantes. Il est cependant un point sur lequel je voudrais attirer l'attention : la relation de cette poésie en français à la poésie populaire. Il existe toute une poésie qui se chante et se dit dans les langues du pays ; en ewe, en kabiye, en tem, par exemple. Cette poésie est connue des locuteurs de ces langues, mais n'a pas donné lieu à des études en français. Ainsi l'ouvrage essentiel sur la littérature orale ewe, celui de F. N'Sougan Agblemagnon, *Sociologie des sociétés orales : le cas des Ewe du Sud-Togo* ne s'intéresse pas à la poésie orale des Ewe, ou plutôt considère, par exemple, l'hymne national – chanté, en français, à partir d'un texte écrit – comme une poésie. Au-delà de cet exemple caricatural, reste posé tout le problème de la poésie contemporaine en français ou en anglais, écrite en Afrique.

Alors qu'existe, en ewe par exemple, une riche tradition poétique, dont le poète ghanéen Koffi Awoonor nous a donné quelques échantillons dans son travail sur Apaloo, aucune étude n'a été produite en français sur la poésie des Ewe – ni d'aucun autre peuple togolais ! La conséquence logique de cet état lacunaire de la recherche a bien été qu'aucun poète francophone ne s'est préoccupé d'une tradition qu'il ne connaissait pas. A la différence de Kagame, de Rabearivelo ou d'autres, les poètes togolais ont ignoré les textes de leur langue maternelle, et enfermé la poésie en français dans une langue scolaire et mimétique, qui sert de référence à un grand nombre d'élèves, mais n'a rien à voir avec la poésie. La carence de la recherche a eu ici de graves conséquences sur la création ; ce n'est peut-être pas par hasard si un universitaire, poète, H. L. Amela, est le premier depuis longtemps, dans son recueil *Odes lyriques* (1983), à traduire des textes en ewe. Il essaie ainsi à sa manière de créer une nouvelle circulation linguistique entre la tradition toujours vivante de la poésie en ewe, et l'exercice de la création littéraire en français. La poésie n'est certes pas un genre populaire, mais à travers les chansons s'entend la parole populaire en langue africaine ; tout ce qui ne s'entend pas dans l'exercice scolaire de la poésie francophone.

Le cas du théâtre nous paraît plus intéressant, dans la mesure où il offre à notre attention de nombreuses œuvres. Ce n'était pas le cas en français dans les années soixante ; pourtant il existait une création en ewe, et un public populaire pour les spectacles de concert et de cantate. Le théâtre en français se donnait au Centre culturel français, qui organisait des concours dont, naguère, j'ai analysé les résultats. Disons tout de suite qu'aucune de ces œuvres ne méritait de passer à la postérité !

La véritable novation est venue de l'œuvre d'un étudiant du début des années soixante-dix, S. A. Zinsou, dont la pièce *On joue la comédie* remporta en 1973 le Grand Prix du Concours théâtral interafricain. Il s'agissait certes d'une pièce en français, mais elle faisait un large usage des techniques du théâtre comique populaire et du théâtre religieux : travestis, maquillages, costumes, étaient empruntés au concert et à la cantate. L'écriture était bien française, mais participait de l'esprit de dérision du genre du concert. Or il s'est produit un phénomène étrange : l'écrivain Zinsou est devenu responsable de la Troupe nationale et a pendant quinze ans animé la vie théâtrale togolaise, par son travail d'écriture et de mise en scène. Cette responsabilité administrative aurait pu scléroser complètement son écriture et son action ; le contraire se produisit : sa dernière œuvre, *La Tortue qui chante*, porte témoignage des ressources d'une écriture alimentée aux sources vives de la créativité populaire.

Il se trouve que j'ai, pendant près d'un an, participé directement aux activités de la Troupe nationale et que je voudrais ici donner mon témoignage sur cet échange permanent entre pratique populaire et écriture littéraire.

Sous la conduite de S. A. Zinsou, et grâce souvent à ses propres efforts, une grande entreprise de connaissance du théâtre populaire, par le moyen d'enquêtes, a été lancée. Plusieurs inventaires des troupes et des comédiens ont été effectués. S. A. Zinsou a particulièrement insisté sur le théâtre religieux de cantate auquel il a consacré une thèse, et qui a beaucoup influencé ses propres créations.

La cantate a donné une forme dramatique à un théâtre historique et de fantaisie, au moins autant qu'à des dramatisations bibliques. L'intérêt de S. A. Zinsou chercheur s'est bien porté vers un genre de théâtre total, dont l'apport n'avait pas été suffisamment exploité par les dramaturges francophones. Il a donc constitué au sein de la troupe une série d'archives, par une étude du répertoire, par la collecte de textes, la rédaction et la traduction d'analyses des pièces. Il s'est aussi livré à une étude du public et des acteurs, grâce à une enquête par questionnaire auprès d'échantillons du public. Il a enfin effectué une étude dramaturgique, grâce à des entretiens avec les responsables de groupes, par la confection d'une série de croquis et de dessins des principaux accessoires de scène, des principaux costumes et par l'observation des mises en scène.

Ainsi la création de la troupe a permis à la production théâtrale de rester au contact de la créativité populaire ; festivals, concours, tournées, recrutements d'artistes, tout cela a permis les mises en scène et évité à son théâtre de s'enfermer dans un français littéraire coupé du français local. Le théâtre a su trouver les institutions dans lesquelles s'opère cet échange entre la rue et l'école, entre la parole ewe et la littérature en français. Certes, ce théâtre reste très discret à l'écart du pouvoir dont il présente une critique qui s'inscrit dans la grande tradition du moralisme classique, mais, si nous savons le lire, sa veine comique, issue du théâtre populaire, est décapante et constitue un excellent antidote à l'ankylose morale.

La question du populaire ressurgit ; elle redevient politique, la parole se libère et peut dire, en partie, en français, ce qu'elle déguisait en ewe. Jamais, malheureusement, les poètes n'ont montré la voie ni trouvé les voix qui auraient pu faire se conjuguer les deux langues. Il y a vingt-cinq ans le projet d'une littérature francophone était une utopie. Utopie féconde qui nous vaut les pages de Couchoro, mais utopie néanmoins ! Aujourd'hui, grâce à la scolarisation, le français s'est largement diffusé et le public de Zinsou est vaste ; il se retrouve d'autant mieux dans ses pièces qu'elles font usage de modes de figuration populaire. Mais elles ne mettent nullement en cause la hiérarchie des pouvoirs dans la société. La naissance d'une presse libre, comme au plus beau temps de la République autonome, la libération de la parole publique qui a coïncidé avec la création d'une commission des droits de l'homme, tout cela est peut-être en train de créer un mouvement social. Les langues se délient ; le gouvernement prétend encourager les Togolais, trop longtemps ankylosés, à s'exprimer.

Le mouvement lancé, il est difficile de l'arrêter. Les enfants de la génération Eyadema auraient-ils enfin envie de parler pour eux-mêmes sans le contrôle de la figure emblématique du pouvoir ? S. A. Zinsou, le directeur, « a voyagé » ; il n'est pas en tournée, mais en exil et il n'est pas le seul. La floraison dramatique exceptionnelle de ces années (Kossi Efoui, grand prix du concours théâtral en 1989, Kangni Alem, grand prix en 1990) a sûrement à voir avec le travail de formation accompli au sein d'une troupe où l'on ne confondait pas l'art dramatique et l'agit prop.

Le théâtre, là comme souvent ailleurs, par exemple en Tchécoslovaquie, serait-il le lieu où la parole de la rue, libre et cinglante, et l'écriture critique des intellectuels se rencontrent et préparent un nouveau pays : une nouvelle génération ? C'est un ancien stagiaire de la Troupe nationale, qui se trouve être parmi les protagonistes essentiels de cette nouvelle phase de l'histoire du Togo : Kossi Efoui, auteur primé, étudiant contestataire, prisonnier politique torturé, puis acquitté, et dont le procès a donné lieu aux plus violentes manifestations qu'ait connues Lomé depuis l'Indépendance au début des années quatre-vingt-dix.

Pendant ces années, Ahmadou Kourouma, Ivoirien, ancien tirailleur, ancien d'Indochine, habitait Lomé. Il était PDG de la plus grosse compagnie de réassurance de la zone franc, il voyait parfois le président. Il parlait peu mais n'en pensait pas moins et en 1998 il a fait du général le Koyoaga de son roman *En attendant le vote des bêtes sauvages.* A sa manière, il a exprimé la fascination trouble que ce personnage de tyran hors du commun exerce sur ceux qui l'ont fréquenté et exorcisé le mythe Eyadema. A-t-il contribué ainsi à libérer la parole romanesque ? Kossi Efoui a écrit en 2001 le premier grand roman togolais, *La Fabrique de cérémonies.* En 2002 le roman *Cola cola Jazz* de Kangni Alem transforme Lomé en TiBrava en hommage à Duke Ellington. Le tyran n'est plus le premier dans les esprits. Le pays des parades, où les élèves font la haie, n'est plus tout à fait une fabrique policée : d'autres rythmes mènent la marche, au moins dans les têtes de ceux qui sont loin.

Wole Soyinka sur les bancs de l'école d'Ake, 1989 (photographie Guy Lenoir).

21
Wole Soyinka : Prix Nobel

Son œuvre est immense, mais elle est peu étudiée en France depuis la belle thèse d'Etienne Galle et le travail original de Christiane Fioupou : est-ce son ampleur même qui fait peur ? J'ai écrit deux livres sur Wole Soyinka et je fréquente son œuvre depuis plus de trente-cinq ans : ce long commerce s'appuie sur quelques idées simples, que je voudrais partager ici, en espérant qu'elles donneront envie d'en reprendre la lecture, de l'apprécier dans son étonnante vitalité actuelle.

J'ai fait bien plus tard la connaissance de l'homme, grâce à Folabo, sa sœur, que j'avais eue comme étudiante à Lomé. Un soir de 1982, à Ifé, elle m'invita à dîner avec Wole. Nous bûmes beaucoup de vin, parlâmes sécurité routière et je fus embauché pour jouer dans une pub filmée pour le vin de cola. Wole encourageait en effet l'un de ses amis, un chimiste diplômé de Cambridge, à développer ce produit nigérian original.

Je jouais le Français convaincu – je l'étais ! – des mérites de cet ersatz fort agréable à boire.

Cette œuvre, depuis plus de quarante ans, propose une pensée de la liberté à travers une pratique esthétique et des textes que les concepts d'engagement ou de militantisme ne peuvent pas épuiser : quelle conversation pouvons-nous avoir avec elle ?

Dans une étude sur le prix Nobel de littérature, Kjell Epsmark (1986) signale les traits dominants qui président aux choix de l'Académie suédoise : il note le souci de tirer de l'ombre une œuvre de qualité demeurée peu connue du grand public. Ce principe, qu'il appelle pragmatique, et qui ne saurait cependant rendre compte de tous les choix du jury, a reçu une illustration éloquente avec les choix successifs de Claude Simon et de Wole Soyinka.

Depuis de nombreuses années, le nom de l'écrivain nigérian était prononcé au moment de l'attribution du Prix. Rappelons ici que le seul non-occidental à avoir reçu une telle distinction fut R. Tagore : l'élargissement des horizons de ces magistrats de la consécration littéraire a été long à se produire, mais il s'est fait à bon escient. Le succès international de l'autobiographie *Aké* (1981) a sans doute apporté à Wole Soyinka le public que son théâtre – largement connu au Nigéria – ne trouvait pas en dehors de l'Afrique. Mémorialiste et romancier, notre auteur est sans doute plus accessible à l'extérieur de son pays que poète et dramaturge : or, ces deux titres sont ceux auxquels Wole Soyinka tient le plus et où il pense donner le meilleur de lui-même.

Il est né en 1934 à Abeokuta, une grande ville où je me suis souvent arrêté quand je faisais la route entre la frontière béninoise et Ibadan. Dès 1858, s'y imprimait un journal en yorouba ! Wole Soyinka étudie à Ibadan et part en 1954 en Angleterre, à Leeds, pour finir ses études. Il travaille comme lecteur au *Royal Court Theatre* de Londres, haut lieu du brechtianisme dans le théâtre anglais ; il revient, en 1960, au Nigéria où, avec une bourse de la Fondation Rockefeller, il passe deux ans à étudier le théâtre populaire. Il est déjà un écrivain connu, sinon reconnu : c'est à lui qu'une pièce pour les cérémonies de l'indépendance sera commandée : *A Dance of the Forests (La Danse de la forêt).* La pièce sera retirée du programme officiel étant jugée trop iconoclaste.

Ses études, ses livres l'ont, dès les premières années de l'indépendance, installé sur le devant de la scène. Dans les tumultueuses années soixante qui aboutiront aux coups d'Etat en série, et finalement à la sécession, Wole Soyinka dirige des troupes et enseigne dans l'ouest du pays. Ses positions publiques peuvent être rapprochées de celles de Obafemi Awolowo, un des pères du nationalisme nigérian, au socialisme humaniste. Pourtant, aucune allégeance partisane n'est sensible. Rappelons-nous que le militaire est le personnage le plus lucide et le moins corrompu dans *A Dance of the Forests* ; relisons *Kongi's Harvest* pour y trouver une satire du culte de la personnalité. Dans le tumulte de ces années, de grands moments émergent qui définissent un style d'action, la guérilla d'un satiriste : ainsi, en 1965, Wole Soyinka réussit à diffuser un enregistrement pirate sur les ondes de la radio de l'ouest et à ridiculiser le premier ministre régional sorti vainqueur d'élections truquées. Arrêté et jugé, Wole Soyinka sera acquitté.

C'est pour s'être mêlé (mais comment s'en tenir à l'écart ?) du conflit entre les Fédéraux et les Biafrais qu'il est arrêté en 1967. Il a appelé à la constitution d'une troisième force : utopie qu'il paiera d'un long séjour en prison. Ainsi, lui qui n'a pas soutenu la sécession sera victime de la guerre et cette sorte de paradoxe est difficile à comprendre, en particulier dans les pays francophones. En 1970, de retour à Ibadan, il donne *Madmen and Specialists* puis, peu de temps après, *The Man Died (Cet homme est mort)*, une sorte de journal de prison. Echappé aux « fous et aux spécialistes » de la police scientifique, Wole Soyinka est demeuré bien vivant ; le récit de sa captivité est, pour la première fois dans son œuvre, un texte écrit à la première personne, original et fort. Dans cet ouvrage, traduit en 1984, il nous raconte son arrestation, sa lutte pour la survie et sa libération, sans autre forme de procès, après plus d'un an et demi de prison dans des conditions très dures. Paru en 1972, le livre ne sera pas vendu au Nigéria où l'auteur a été menacé d'un procès en diffamation, car il donnait les noms de ses geôliers, mais où il sera pourtant beaucoup lu et commenté.

La force de *Cet homme est mort* est précisément de n'offrir que la confusion, de ne pas avoir d'explication à présenter. Faute d'exutoire idéologique, c'est le règlement de compte personnel qui affleure par instants. D'une certaine manière, et même si cette hargne affaiblit la portée morale du livre, elle n'est pas inutile car elle indique clairement les limites de notre auteur : un homme politique véritable ne se fait jamais de vrais ennemis !

En partie poussé hors du Nigéria par les menaces judiciaires pesant sur l'auteur de *Cet homme est mort*,

Wole Soyinka s'est beaucoup déplacé à l'étranger entre 1971 et 1975 avant de s'installer à Ife en 1976.

Il avait auparavant connu l'épreuve de la confrontation avec un tyran d'exception dont il fit plus tard l'un de ses personnages : le maréchal Idi Amin Dada. Un rappel s'impose ici : Barbet Schroeder a consacré un film à Idi Amin Dada. Une certaine fascination pour le monstrueux s'y exprime. Soyinka est de ceux qui ne se laissèrent pas abuser par les bouffonneries de ce tyran aussi inculte qu'acculturé, qui était même devenu un héros pour les nationalistes culturels – autre avatar de ceux que Wole Soyinka appelle les néo-tarzaniens, ces thuriféraires de l'authenticité – parce qu'il avait publiquement humilié les Anglais de l'Ouganda. Souvenons-nous des films où les sujets de Sa Gracieuse Majesté étaient obligés de véhiculer le président Dada sur une chaise à porteur ! Quel spectacle : on ne devient pas un grand homme d'Etat en ridiculisant ses anciens patrons ! Les massacres perpétrés par Idi Amin Dada ne peuvent se justifier au nom d'une quelconque raison d'Etat, volontiers continentale et raciste. Tout cela le journaliste, l'écrivain Soyinka le disait en 1975 ; mais il était un des seuls à le dire haut et fort publiquement : « Nos amis prétendaient trouver en Amin un nationaliste incompris, un révolutionnaire et même (!) un génie économique : n'avait-il pas jeté à la porte ces sangsues asiatiques ? »

Soyinka nous raconte comment il a dû, pour protéger Robert Serumaga, directeur de la Troupe nationale ougandaise, le radier officiellement du comité de rédaction de la revue *Transition.* Idi Amin Dada en voulait à la revue pour ses prises de position violemment hostiles et n'aurait pas permis à un Ougandais de demeurer au comité de rédaction. J'ai encore en mémoire le titre du numéro 49 de *Transition* en 1975 : « *Karasi*, finissons-en avec lui » ; ce titre barrait la couverture de *Transition* et s'étalait au travers d'un portrait caricatural d'Idi Amin Dada.

La pièce *Death and the King's Horseman* (1975, en français *La Mort et l'écuyer du roi)*, peut être lue comme une réponse aux détracteurs de Wole Soyinka, qui pouvaient l'accuser d'avoir manqué de solidarité envers un frère de couleur. La solidarité familiale, nous dit-il, peut se vivre jusqu'au tragique ; encore faut-il que la cause pour laquelle elle nous requiert en vaille la peine, et c'est bien le cas pour l'écuyer du roi. A la mort de l'Oba (roi yorouba), la coutume veut que l'écuyer le rejoigne dans l'au-delà en mettant fin à ses jours volontairement. Cela se passait ainsi avant la colonisation. Mais un administrateur zélé et « progressiste » veut mettre fin à cette coutume barbare. Il réussit, de fait, à empêcher le vieil écuyer de rejoindre son roi. Ce scandale provoque une réponse inattendue : le fils de l'écuyer, jeune et brillant étudiant en médecine, fort opportunément de retour d'Angleterre, prend la place de son père et, en digne fils aîné, perpétue la tradition que l'administrateur avait cru interrompre.

Tirée d'un incident authentique qui avait déjà donné lieu à une pièce en yorouba, l'œuvre est une longue méditation, un long chant funèbre, sur la mort et le sacrifice. A l'écuyer, à son griot, nourris de poésie yorouba, aux femmes du marché, défenseurs elles aussi de la tradition, dans une langue drue, avec une verve savoureuse et parfois cruelle, l'administrateur ne trouve à opposer que la langue de bois de la bonne volonté humanitaire. Le malentendu est complet. Les deux mondes ne peuvent s'entendre. C'est pourtant le fils de l'écuyer, le futur médecin, qui devient le médiateur entre les deux mondes : il parle le langage du progrès, mais aussi celui de la solidarité. Sa vision du monde est plus profonde que le philanthropisme administratif de l'homologue britannique de nos commandants de cercle. Olunde, le fils de l'écuyer, comprend qu'une société doit parfois sacrifier les meilleurs des siens pour rester fidèle à ses valeurs. Il voit qu'un mort peut aussi être une source de vie. Il évoque l'héroïsme des Anglais pendant la guerre et l'interprète, à juste titre, en termes de sacrifice ; le respect de la vie humaine ne dit pas tout sur notre condition. Ce qui est ici fondamentalement en jeu, c'est la capacité d'une société à maintenir vivants ses mécanismes de ressourcement. « Vous ne respectez pas ce que vous ne comprenez pas » dit-il en s'adressant à la jeune Anglaise, épouse de l'administrateur, qui essaie de le convaincre de dissuader son père de mettre son projet à exécution. A l'origine du lien social, il y a une violence fondatrice qui est un sacrifice : cela chez les chrétiens, comme chez les zélateurs d'Ogoun. En termes de « développement social », l'acte d'Olunde est absurde : il donne en exemple la coutume barbare qu'il perpétue, et il prive la communauté d'un de ses meilleurs fils. Tout autre chose est en jeu : on peut à la fois soigner les blessés de guerre et accepter la nécessité du sacrifice de l'écuyer du roi.

Je n'ai pas fait que lire Wole Soyinka, je l'ai vu en action chez lui. J'ai apprécié son énergie de chef de bande toujours solidaire : ses amis le surnomment Kongi, car il est parfois autoritaire ! Si le monde est son village, il ne néglige pas sa propre cité : le citoyen Soyinka organise une « maréchaussée » dans l'Etat d'Oyo ; il se préoccupe de questions aussi triviales mais aussi vitales que la circulation routière, car si les émeutes et la répression tuent chaque année au Nigéria, elles n'y font pas autant de victimes que les accidents de la route. Soyinka s'engage là aussi dans une cause civique qui n'a pas besoin de justifications idéologiques. L'intellectuel accepte de prendre en charge la vie quotidienne.

Cette volonté de présence directe à la vie politique est remarquablement illustrée par le disque édité par Soyinka en 1983. Intitulé *Société à responsabilité illimitée*, il constitue une charge aussi drôle que violente contre le régime Shagari. Le président y est surnommé fort à propos : « *share gari* », « partageons-nous la semoule » ! De longues chansons nous détaillent l'incurie, le népotisme et la rapacité prévaricatrice des gouvernants de l'époque. Chantées en pidgin, sur rythme de reggae, ces chansons enchaînent anecdotes et plaisanteries colportées par la rumeur sur les exploits des « kleptocrates », puisque tel était le surnom sans illusion donné aux ministres. La popularité de ces textes vient bien de ce qu'ils reprennent des incidents réels : les quarante avions privés présents lors du mariage d'un notable du nord ; le PDG surpris avec six millions de nairas dans une valise à Londres ; le diplomate accusé de viol aux Etats-Unis et promu à Lagos ; les deux milliards et demi de nairas qui s'évaporent du budget. La chanson est une chronique burlesque des exploits du régime.

Un autre texte s'en prend au gadget idéologique lancé par le régime qui proposait une « révolution éthique », alors que le pays bruissait de tous les détournements de fonds et de toutes les dépenses extravagantes des dignitaires de la IIe République ; il suffit de se demander naïvement : « kekseksa la révolution étike » pour faire éclater l'imposture d'une proposition censée s'adresser à un peuple incapable de comprendre le sens des mots « savants » utilisés. Inutile d'aller chercher des concepts « éthiques » révolutionnaires, nous dit Soyinka. Soyez d'abord honnêtes, et cessez de vous moquer de nous ! Ecoutons-le chanter :

> « Le cosmonaute a envoyé un message radio quand il passait au-dessus du Nigéria
> Quelles sont ces montagnes que je vois dans les villes ?
> L'ordinateur lui a répondu
> Ce ne sont pas des montagnes, mais des tas d'ordures...
> L'électricité est ici un travail à temps partiel
> Le docteur fit l'opération à la chandelle et la morgue vous supplie de récupérer le cadavre...
> Tout cela n'est pas perdu pour tout le monde ; les patrons de l'électricité deviennent les rois du générateur
> Et les voilà qui rappliquent maintenant avec leur révolution éthique
> S'ils veulent cambrioler l'église
> Ils organisent une veillée de prière : quand tout le monde ferme les yeux
> A eux de jouer... »

En 1992, Soyinka écrit une nouvelle pièce, *From Zia with Love,* qui retrouve l'univers de *Kongi's*

Harvest et sa satire du totalitarisme de Nkrumah (1966). Jusqu'en 1994, il partage son temps entre son pays et de nombreuses universités étrangères. Le Nigéria, cette plaie ouverte (« *open sore* ») au flanc du continent africain – titre d'un essai qu'il publie à cette époque – ne saurait laisser aucun ami de l'Afrique indifférent. Ken Saro-Wiwa est exécuté le 19 novembre 1995, après un procès expéditif ; Wole Soyinka s'était échappé du Nigéria juste après son soixantième anniversaire, en octobre 1994, et venait d'être condamné pour terrorisme. Il nous explique dans *The Open Sore of a Continent* (1996) pourquoi il a été nécessaire de se débarrasser aussi vite de Ken Saro-Wiwa et des leaders des Ogoni : rien n'était potentiellement plus dangereux pour l'oligarchie militaire et les ploutocrates du nord qu'un mouvement organisé des peuples du delta qui risquait de mettre en péril le débit des robinets à dollars que sont les puits de pétrole qui polluent mangroves et lagunes.

Après sa fuite, Soyinka a vécu en exil et dénoncé sans cesse le régime obscurantiste et potentiellement totalitaire qui sévissait à partir d'Aso Rock, site du pouvoir à Abuja : la mort subite du dictateur Abacha, l'élection d'un homme respectable, le général Obasanjo, l'ont ramené dans son pays. Il poursuit son travail de fiction autobiographique, qui a connu un succès mondial avec *Aké* et voit la notoriété de son œuvre croître à travers les multiples mises en scène. L'activiste n'a pas étouffé l'écrivain, mais beaucoup semblent ignorer l'œuvre. De plus il jouit d'une réputation d'obscurité due au caractère de ses essais et de ses premiers romans, que les traductions récentes de ses fictions autobiographiques, notamment *Ibadan, the Penkelemes Years, 1946-1965*, peinent à dissiper. *Ibadan, les années pagaille* (traduction de *penkelemes : peculiar mess*) sont devenues les années chaos, les années dérive vers on ne sait quelle destination. Soyinka invente une forme d'autobiographie romancée dans laquelle un narrateur-personnage se promène au milieu de ses amis et des lieux qu'il a connus dans les années soixante.

Président du Parlement international des écrivains dans la dernière décennie, il est un porte-parole éloquent des droits de la liberté d'expression.

La carrière de l'auteur Soyinka est faite de ces allers-retours qui ont un sens esthétique et politique. Son œuvre est considérable, en particulier du fait d'une abondante production journalistique, dans la presse nigériane, comme dans la presse internationale. Aujourd'hui l'image de l'activiste brouille un peu celle de l'écrivain. Soyinka apparaît plus dans les colonnes de la presse française pour ses commentaires sur le Nigéria ou la Palestine, que pour ses derniers ouvrages : un livre d'essai à New York (*The Muse of Forgiveness*, 1999), un opéra à Genève (*The Scourge of Hyacynths*, 1994), une tournée au Nigéria avec une adaptation d'*Ubu* (*King Baabu*, 2001).

Un enjeu fondamental traverse cette œuvre : le pouvoir ne doit pas être total, le pouvoir ne doit pas s'unifier, mais demeurer dans son pluralisme. A cet égard ses premières pièces de théâtre montrent son attitude satirique décapante et cela dès sa première commande officielle. Il refuse de mettre l'histoire au service du nationalisme et il fait la satire de tous les poètes et les savants enrôlés au service du chef dans *Kongi's Harvest*, présentée au Festival des Arts nègres de Dakar en 1966. La satire politique est aussi mordante à l'échelle familiale : le nouvel instituteur, dans *The Lion and the Jewel* (1963, en français *Le Lion et la perle*), croit qu'avec son savoir il aura tout pouvoir pour séduire la belle du village. Il a tort : c'est le vieux chef qui arrive à ses fins, le vieil autocrate l'emporte sur une modernité arrogante et cela aussi est une leçon pour les nouveaux pouvoirs.

Le thème de la confusion des pouvoirs est tout à fait net dans le cycle des pièces consacrées au pasteur Jero (*The Trials of Brother Jero*, 1963 ; *Jero's Metamorphosis*, 1973). Wole Soyinka s'en prend aux prédicateurs installés sur les plages de Lagos, à leur instrumentalisation de la religion au service de fins et d'appétits tout à fait temporels. Ce sont les prédicateurs chrétiens qui font les frais de sa satire, mais elle porte sur tous ceux qui confondent la foi et le pouvoir et voudraient enrôler les hommes de foi dans leurs entreprises : vaste programme qu'il a entrepris depuis longtemps et pour lequel le théâtre est une arme de choix depuis Tartuffe...

Wole Soyinka apprécie d'écrire en anglais, mais il compose des chansons dans sa langue, et traduit le premier roman yorouba en anglais. Il n'oppose pas les anglophones aux francophones et récuse l'opposition que l'on voudrait faire entre lui et L. S. Senghor.

Il intervient souvent sur la scène publique avec pertinence et originalité. Cette attitude pourrait passer pour une pose « anarchiste » – terme employé au Nigéria pour le disqualifier – qui ferait de ses interventions une fin en elles-mêmes. Elle lui est souvent reprochée par ses détracteurs nigérians, qui sont aussi les premiers concernés par cette attitude. Soyinka croit à la construction d'un espace de dialogue, et ses interventions sont des façons de faire advenir cet espace, d'en montrer la possibilité : en 2001, il a emmené au Nigéria une pièce adaptée de *Ubu*. La pratique de la direction d'un groupe, d'une compagnie est une première façon de dépasser son « anarchisme ».

Ces actes ont une forte composante utopique. Il fait de la propagande à la radio en 1965, s'entremet pendant la guerre civile en 1967, édite une revue en 1973, crée un corps d'auxiliaires de sécurité routière en 1977, lance un théâtre de guérilla en 1983. Le modèle de la guérilla, la capacité d'improviser à tout instant, dérive de celui du chasseur. Son héros culturel yorouba est bien le chasseur dont il a traduit les aventures dans la forêt des mille démons (*The Forest of a Thousand Daemons*, traduit du yorouba, Nelson 1968). La guérilla est affaire de bande ; Wole Soyinka est un chef de troupe. Il anime de nombreuses compagnies dramatiques, il met en scène, il dirige des écoles de théâtre : il ne reste pas dans son bureau à méditer sur l'état du monde.

L'œuvre est sans arrêt en dialogue avec d'autres œuvres, avec les événements et les idées contemporaines, de même qu'avec les différents acteurs sociaux. Cette attitude présuppose la position de dialogue. Seulement Soyinka ne se trompe pas de genre : homme de théâtre, écrivain, ses principaux interlocuteurs sont d'autres écrivains : il adapte et traduit Fagunwa, Brecht, Euripide (*The Bacchae*, 1973), Jarry. Certains de ses plus beaux textes sont eux-même issus de la mise en texte d'un étrange dialogue entre la conscience poétique et la conscience politique : tel est le cas de *The Man Died*, long récit autobiographique qui a longtemps été fort mal compris du fait du mélange des genres : à la fois témoignage lyrique et pamphlet politique.

Ainsi au fil d'une longue carrière a-t-il réussi à ne pas s'enfermer dans un discours nationaliste ou panafricaniste, mais au contraire à garder le contact avec ces discours, à poursuivre le débat avec eux. Le dialogue avec L. S. Senghor, commencé sur le mode de la polémique au début des années soixante par une virulente récusation de la négritude qui devait malencontreusement servir d'étendard à toutes sortes de malentendus, s'achève par une réconciliation. Dans un de ses derniers ouvrages, *The Muse of Forgiveness* (1999), il montre toute l'étendue de sa sympathie, et de sa compréhension de l'œuvre et du projet intellectuel de l'ancien président du Sénégal.

Ces textes sont aussi un mode de connaissance de l'Afrique : en les lisant on apprend beaucoup sur le Nigéria, car Wole Soyinka, fidèle en cela à Brecht, fait appel à la conscience critique des spectateurs et des lecteurs. J'ai eu la chance de connaître l'Afrique en partie à travers la vision qu'en donne Wole Soyinka et je n'ai pas eu à me plaindre de ce maître original. Il déplace les barrières entre pratique et théorie, et oblige à repenser une notion comme celle d'engagement, trop fréquemment utilisée dans l'analyse littéraire en France. Cela est dû à la position qu'il a occupée et à laquelle le Prix Nobel donne une particulière légitimité. Il n'est pas un écrivain en exil, il n'est pas en prison, mais il n'est pas non plus au pouvoir, ni dans le maquis.

Il a la conscience très claire qu'il faut inventer des formes pour parler de l'Afrique, du Nigéria, qui est un peu un modèle de l'Afrique, mais aussi pour faire parler l'Afrique. Les formes anciennes, les postures, les prises de position ne peuvent plus être reçues. Les questions linguistiques n'épuisent pas le débat comme Ngugi semble le croire et les idéologies « scientifiques », en particulier le marxisme, ont toujours suscité sa défiance et sa verve : en ce sens il est un digne continuateur de Georges Orwell et il a su montrer combien l'univers de la politique, en Afrique aussi, risquait de devenir celui de la *Ferme des Animaux*. Il est à la fois vigoureusement critique et pleinement actif comme citoyen impliqué dans la vie culturelle et sociale de son pays, mais en tant qu'écrivain et non pas en tant que politicien. Longtemps professeur, il a trouvé sur les campus nigérians, des étudiants et des collègues, mais il n'est pas devenu le porte-parole de la classe intellectuelle dont il a dénoncé l'arrogance. Anti-impérialiste, il est aussi antimarxiste et sa satire de la « leftocratie » n'a rien à envier à celle qu'il a faite de la « kleptocratie ». Il appartient à une gauche antitotalitaire que les intellectuels français – et francophones ! – ont du mal à situer sur leur carte mentale de l'univers intellectuel.

Aujourd'hui, Sembène Ousmane fait des films, Ngugi écrit en gikuyu, Wole Soyinka continue à écrire et à diriger du théâtre surtout en anglais et en même temps il est présent sur la scène publique, en tant qu'écrivain et non en tant que politicien. En somme, il a « horreur de la politique », pour reprendre l'expression de Simon Leys appliquée à Georges Orwell (1985), mais il en fait tout le temps. Seulement il n'en fait pas un absolu, et il lutte contre la tentation permanente du pouvoir à se refermer sur lui-même.

L'ouverture de son œuvre sur la tradition dramatique est une façon de récuser les injonctions du nationalisme culturel, voire de l'afro-centrisme. Mais, comme il le dit dans son discours du Nobel, que « ce passé parle à son présent », que l'esclavage et l'apartheid ne soient pas oubliés, si l'on veut vraiment commencer à comprendre l'Afrique !

22
PENSER LE RWANDA

J'ai visité le Rwanda pour la première fois en mai 2003. J'ai retrouvé mes amis zaïrois de Nairobi, connus en 1989 : ils étaient Rwandais et je ne le savais pas. La dernière conférence que j'ai organisée en tant que directeur de l'IFRA, en 1991, portait sur le Rwanda. C'était à la Maison française de Nairobi en novembre. Il y avait beaucoup d'auditeurs et peu, très peu, de Blancs ; le seul Français que je connaissais était l'attaché militaire de l'ambassade.

José Kagabo y exposa le plan des extrémistes rwandais : le grand Rwanda. Je pensais que tout cela était de la science-fiction. A la sortie de la salle, Cyrie Sendashonga dont le mari, un Hutu modéré, courageux et compétent, qui avait accepté d'être un temps ministre du FPR, fut assassiné à un feu rouge quelques années plus tard à Nairobi, m'a dit : je ne savais pas que vous vous intéressiez à ces questions.

*Soudain je découvrais l'autre Rwanda, celui de l'exil. J'avais aussi été invité à l'*Intore*, où les exilés de la Royauté rwandaise célébraient leur grandeur passée, toujours par mes amis zaïrois : c'était au club de la Poste kényane, dans un local moche, au fond d'un terrain vague, en octobre 1989.*

Le Rwanda a de l'avenir : pas seulement auprès des africanistes, mais auprès de tous ceux qui s'interrogent sur la banalité du mal, expression à nouveau pertinente pour décrire les milliers de meurtres entre voisins qui ont souillé ce pays. Rappelons les faits : au mois d'avril 1994, après l'attentat toujours mystérieux qui a coûté la vie aux présidents du Rwanda (J. Habyarimana) et du Burundi (Cyprien Ntaryamira), une entreprise concertée de liquidation des Tutsis et des Hutus modérés a été entreprise par la fraction extrémiste du parti au pouvoir. Précisons, pour éviter tout malentendu, que, comme l'historien Gérard Prunier l'explique fort bien, Hutus et Tutsis ne désignent pas des ethnies mais des catégories sociales, analogues aux ordres socioprofessionnels, les *stand* de l'Allemagne du XVIIIe siècle. Hutus et Tutsis parlent la même langue, vivent ensemble depuis des siècles, même si leurs origines sont sans doute différentes. En ce sens, vouloir définir un « hutuland » est absurde tant les terroirs des agriculteurs hutus et des éleveurs tutsis sont imbriqués. L'une des questions, certes mineure au regard des faits, est bien celle de la traduction des réalités conceptuelles africaines dans notre langue : est-il injuste de dire que peu a été fait ?

Pourquoi la France est-elle mêlée à cette affaire, dans un pays qui n'a jamais été une colonie française, ne faisait pas partie de la zone franc et n'a pas de ressources particulières, hormis ses hommes : plus de huit millions sur une superficie de deux fois et demi la Gironde dans la région des Grands lacs, une des plus fertiles de l'Afrique. En 1975, un accord de coopération militaire a été signé avec le régime du général Habyarimana qui avait pris le pouvoir en 1973. Une politisation dualiste simpliste (Hutus-Tutsis) – qui nous rappelle une fois de plus combien la colonisation a été le terrain d'élection de formes « hénaurmes » de la bêtise – avait marqué les années coloniales au profit des Tutsis, censés relever d'une « race » différente et supérieure ; la première République issue de l'Indépendance, qui renversa la monarchie tutsie, dans les années soixante, avait pratiqué la même politique, mais en sens inverse au profit des Hutus.

Le coup d'Etat militaire de 1973 semblait échapper aux luttes entre ces catégories. Pourtant, très vite, le régime s'est durci autour d'un groupe hutu du nord et de la famille du président. Quand le café s'est moins vendu, vers le milieu des années quatre-vingt, ce groupe qui monopolisait le pouvoir a trouvé la ressource de diaboliser les Tutsis pour mieux faire oublier son caractère autoritaire et prédateur. A ce moment, la question des réfugiés rwandais – plus d'un million de Tutsis –, victimes des pogromes qui avaient marqué les changements de régime précédents, en particulier dans les années soixante, et qui s'étaient installés dans les pays voisins, est devenue une question cruciale. En 1988 a été créé en Ouganda le FPR (Front patriotique rwandais) qui regroupait des Tutsis et des Hutus modérés. En 1990, le FPR a attaqué à partir de l'Ouganda ; des accords de cessez-le-feu ont été signés en 1992, mais la guerre a continué et l'armée rwandaise se serait effondrée sans l'aide de l'armée française. Le régionalisme (Hutus du nord, regroupés autour de la « Maison du Président », contre Hutus du sud) et l'autoritarisme ont engendré un racisme croissant à l'encontre des Tutsis et en particulier des réfugiés. L'avancée victorieuse du FPR en 1994 a coïncidé avec le déclenchement des massacres à l'encontre de l'opposition hutue et des Tutsis : le chiffre des victimes est aujourd'hui de près d'un million, mais au fond personne n'en sait rien.

Ces événements épouvantables ont impliqué, comme on le voit, notre pays à divers titres. Le gouvernement n'a pu se soustraire à la demande croissante d'information sur les aspects français de ce drame. Une mission d'enquête a été mise en place et a rendu un rapport de quatre cents pages auquel il faut ajouter huit cents pages d'annexes et autant d'auditions. Pierre Brana, député de la Gironde, a été le co-rapporteur de la mission et il faut saluer l'étendue du travail et sa qualité. La lecture est passionnante, mais elle laisse dans l'ombre nombre d'éléments de fond que je voudrais mettre en évidence ici.

Tout d'abord les arguments qui ont conduit à la création d'une mission d'information et non d'une véritable commission parlementaire d'enquête ne sont pas convaincants : ainsi le pourcentage global du recours au huis-clos n'est pas donné, mais on sait que la plupart des militaires et des diplomates ont été auditionnés à huis-clos. Il y a cependant plus grave à notre sens. Tout est fait pour passer sous silence les relations entre la France et le Rwanda dans les années quatre-vingt, en somme pour éviter une analyse critique de la politique africaine de François Mitterrand, qui pourrait se révéler fort sévère. Si la guerre a commencé en 1990, le régime Habyarimana existait depuis longtemps ; les cartes d'identité portaient des mentions « ethniques » (Hutus, Tutsis) et les massacres n'étaient pas une nouveauté. Pourquoi n'ont-ils jamais intéressé journalistes, diplomates et chercheurs qui semblent, dans notre pays, avoir découvert le Rwanda en 1990 et, à de rares exceptions près, ne faisaient pas intervenir le concept de génocide dans leurs analyses ? Je suis en partie du lot et cette question m'intrigue : j'ai essayé de comprendre les raisons de cette ignorance et je me permets de reprendre ici les éléments de l'analyse que je faisais trois mois après ces événements pour un article de *Politique africaine* (octobre 1994).

Le brouillard qui a longtemps entouré dans notre pays les questions de « génocide » et de « crime contre l'humanité », rarement utilisées dans les années soixante-dix, a laissé se développer les plus sinistres agissements dans une involontaire conjuration du silence qui unissait la « Coopération » et ses critiques. En relisant l'ouvrage, inédit en français, de Léo Kuper, *Genocide, its Political Use in the Twentieth Century* (1981), que j'avais lu à sa parution, et dans lequel Rwanda et Burundi figurent en bonne place, j'ai trouvé une partie de la réponse à cette question. Léo Kuper était sociologue, mais aussi avocat. Il était juif et sud-africain. Il savait ce qu'était la colonisation et ce qu'était le génocide nazi. Il pensait aussi que les questions juridiques n'étaient pas vaines et en ce sens son travail interpellait la gauche dont nous étions, tout occupée à lutter contre le « néocolonialisme » et peu soucieuse de formalisme juridique. Pour une bonne partie de la gauche anticolonialiste, génocide et colonisation c'était pareil. Léo Kuper prend une peine extrême à réfuter cette argumentation dans son livre : il y a certes une affinité entre extermination des populations et colonisation et il est des politiques coloniales qui prennent des formes génocidaires. Pourtant les formes sont différentes, les contradictions existent et ne permettent pas de conclure à l'identité, sauf à penser paresseusement.

De plus il est un génocide que l'on oublie à penser ainsi et qui concerne notre propos. C'est l'extermination de catégories sociales qui se produit au moment de la décolonisation et surtout après. Nous ne voulions pas voir les massacres rwandais et burundais ; nous avions des missions d'aide et de coopération, des accords culturels avec ces pays : inutile d'être trop regardant ! Les « pratiques génocidaires » du Rwanda et du Burundi n'entraient pas dans les cadres prêts à penser de notre tradition intellectuelle, sauf à y voir des héritages coloniaux. Le débat sur les questions de génocide, et leur définition, est devenu d'actualité avec la prise de conscience française tardive, qui a fait suite au procès Barbie, et dont les palinodies du procès Touvier comme les incohérences véhémentes du procès Papon, ont montré les limites.

En somme, la coopération avec le Rwanda gagnait sur toute la ligne : elle jetait un voile sur un passé qu'elle ne voulait pas connaître, et que peu en France se souciaient de connaître ; les intellectuels anticolonialistes, souvent de gauche, dénonçaient eux la mainmise de la CIA sur les ONG, comme le *Minority Rights Group*, qui demandaient dans les années soixante-dix des enquêtes sur le génocide. La guerre froide troublait notre lucidité politique, tout comme l'anti-américanisme simpliste d'une partie de notre classe politique et militaire a servi d'explication à la guerre au Rwanda. J'ai ainsi participé en septembre 1994 à un débat à la télévision (FR3) avec le responsable des relations publiques de l'armée de l'air lors de l'opération Turquoise ; le bon vieux schéma anglophone contre francophone, tout droit recyclé de Fachoda, aurait servi de grille d'analyse incontestable si je ne m'étais élevé contre ce simplisme. Il est heureux que le rapport de la mission se débarrasse de ces schémas absurdes qui oublient que les Américains s'intéressent depuis longtemps à l'Afrique, dont ils forment dans leurs universités une bonne partie des nouvelles élites.

Les questions africaines sont victimes de la suffisance de ceux qui croient savoir et dont la réflexion de Jean-Christophe Mitterrand, conseiller pour les affaires africaines, citée par G. Prunier, est une caricature criante de vérité : dans le bureau du conseiller du président qui est aussi son fils – bel exemple d'un principe dynastique qui faisait rêver nombre de tyrans africains du Togo au Zaïre –, où se trouve Gérard Prunier, le téléphone sonne, c'est Habyarimana. Brève conversation, le conseiller raccroche et commente : « On va lui envoyer une compagnie au petit père Habyarimana et tout sera réglé ». Nous sommes en 1990. Ces brillants politiques pratiquent un amalgame imbécile sur fond de *realpolitik* à courte vue. Il en est qui s'interrogent sur la mentalité africaine et qui ne comprennent pas que l'histoire se fait en Afrique aussi avec de la politique et avec des manipulations. Ainsi au Rwanda la France a été manipulée par un clan fort habile et qui se savait assuré de l'impunité. A-t-on oublié le triste scandale du Carrefour du développement mis en scène pour la conférence franco-africaine de Bujumbura au Burundi en 1984, tout près du Rwanda ?

Ignorance des questions spécifiques propres à tel pays, incapacité à penser que le partenaire africain peut être plus retors que vous, surtout quand il se trouve des appuis dans les milieux des sociétés de sécurité liées par exemple à Paul Barril (un ancien gendarme du Président), arrogance de ceux qui s'appuient sur des dogmes imbéciles comme la politique africaine (ou la politique serbe) et qui analysent encore l'Afrique avec des schémas coloniaux (en zone d'influence anglophone ou francophone, par exemple !) sont le terreau de ces aberrations. Sur tous ces points fondamentaux la mission évite soigneusement une analyse de la politique africaine et frappe par sa timidité et sa discrétion à l'égard des pouvoirs français. Une commission d'enquête s'impose plus que jamais à la lumière de l'excellent travail préparatoire de la mission.

Wole Soyinka, dans un récent article du *New York Times* sur le livre de Philip Gourevitch, *We wish to inform you that tomorrow we will be killed with our families, stories from Rwanda* (New York, Farrar Strauss and Giroux, 1998, 356 p.), remarque, à propos des auteurs du génocide, sur le ton de l'évidence qui ne souffre ni n'appelle la contestation, que l'attitude « des étrangers, les Belges et les Français, renforça leur sentiment d'impunité... » (*New York Times*, 4 octobre 1998). Cette observation s'impose à nous et toutes les missions d'enquête n'y pourront rien : notre suffisance, notre ignorance, le sommeil de notre raison, ont engendré des monstres auxquels notre pays sera pour longtemps lié. Ce livre est à sa manière un événement : il affronte de face la question centrale.

Au Rwanda, ce n'est pas seulement l'armée ou l'Etat qui a tué ; ce sont les simples citoyens. Monsieur tout le monde a tué ses voisins, et vous avez bien lu le titre : nous voulons vous informer que nous serons tués demain... C'est la lettre qu'un groupe de pasteurs adressent à leurs ouailles réfugiés dans le temple et l'hôpital adventistes de Mugonero et qui seront effectivement massacrés : au moins plusieurs centaines de morts. Cette étrange syntaxe réflexive dénote une manière de trouble cognitif : le mal est connu, infligé par le voisin, la connaissance, l'ami presque. La structure de la société rwandaise ancienne, renforcée par le contrôle du parti unique des années quatre-vingt avaient tout fait pour enrégimenter les villageois et les porter à écouter les ordres de leurs bourgmestres et des autres officiels, qui furent les sinistres courroies de transmission du projet génocidaire forgé autour de la famille du Président.

Une telle frénésie de meurtres est cependant difficile à comprendre, et les moyens du romancier sont peut-être les seuls à nous permettre d'avancer dans ce mystère. P. Gourevitch est journaliste ; son enquête n'est pas une chasse aux responsables, mais une quête des récits. Il nous raconte des histoires recueillies au Rwanda pendant les huit mois de son séjour en 1995-1996. Il a parlé à de nombreux Rwandais de tous les milieux sociaux, de toutes les confessions ; il a rencontré des acteurs politiques de premier plan comme Paul Kagame, chef de l'armée rwandaise, ou l'ancien chef d'état-major de l'armée du président Habyarimana ; il a demandé à tous ce qu'ils faisaient en avril 1994, comment ils avaient agi et il nous donne leurs réponses. Il a aussi été rencontrer des Rwandais réfugiés aux Etats-

Unis, dénoncés et poursuivis pour génocide, comme ce pasteur qui n'a pu sauver les collègues qui prévenaient leurs fidèles dans les termes qui ont donné son titre au livre.

Sa qualité de journaliste américain lui a sûrement ouvert des portes et a peut-être délié des langues. Je crois que la qualité de l'écoute, l'exceptionnel don d'empathie ont emporté la conviction. Gourevitch n'a rien à prouver, personne à dénoncer. Il a rencontré quelques justes : le gérant de l'hôtel des Mille Collines, par exemple. Il tente, comme chacun de nous, de comprendre ce qui peut pousser à tuer ses voisins, pas un ou deux, mais dix, vingt, soixante-dix... Tel est le nombre ahurissant de meurtres reprochés à l'un de ses interlocuteurs, le seul à confesser des crimes (il en reconnaît seulement six...) qui a choisi de revenir au village – et qui vit sous le même toit que les parents de ses victimes. A la culture du silence, Gourevitch essaie de substituer l'échange des paroles ; il remarque la rareté de l'art rwandais et surtout de la littérature. Elle m'a toujours frappé et je sais maintenant pourquoi : ce que l'on a à raconter est une souffrance terrible et, de toute façon, la réalité dépasse la fiction : à quoi bon ! semblent se dire certains... L'art entretient des rapports intimes avec le mal, qui est « ... sa force, son sujet, sa raison d'être » (Abecassis, *Petite métaphysique du meurtre*, p. 94). Or l'art n'avait même pas pu au Rwanda commencer à se saisir de l'histoire. Créer les moyens de dire sera sans doute une voie pour exorciser le mal. Aujourd'hui, il y a plus de 120 000 personnes en prison : comment juger ? quelles seront les voies de la vérité et de la réconciliation ? peut-il y en avoir, comme ce fut le cas en Afrique du sud ? quel rite de pardon inventer ? L'imagination hésite, mais il faut relever le défi.

Nocky et Maïmouna, 2003
(photographie Thomas Dorn).

23
Au Tchad, sous les étoiles

Nous étions sur des tapis, accroupis, buvant de la zam zam, l'évian locale, et dégustant de délicieuses crêpes de millet, de l'agneau grillé, de la sauce d'oseille. C'était chez Ali Haggar, professeur d'économie et romancier : il nous avait invités dans sa maison aux vastes terrasses, aux balustres néo-classiques et aux grilles en fer forgé. Nous étions dans un faubourg indéterminé de cette étrange capitale, pleine de terrains vagues, au confluent de deux fleuves et où parfois de quartiers ombragés émergent d'énormes maisons forteresses. C'était le dîner d'adieu du Nouveau congrès des écrivains et artistes noirs tenu à Ndjamena du 26 octobre au 2 novembre 2003. Des vrombissements de Mirages rappellent parfois la base aérienne voisine. Ernest Pepin a lu son dernier recueil de poèmes, Africa Solo. *Il a une belle voix, lit sans emphase : « Ne me dites pas que je ne suis pas d'ici / Je me souviens. »*

Nocky Njedanoun a créé Fest' Africa il y a dix ans à Lille en 1993. Une sorte de foire du livre africain, des cafés littéraires, une série de forums : une fête du livre, animée par son association. Après le génocide du Rwanda, il a pensé que les intellectuels devaient intervenir. Son idée : proposer à des écrivains africains de partir au Rwanda pour essayer de comprendre et raconter. Il a appelé cela « Ecrire par devoir de mémoire ». Tchadien, il connaissait la guerre et savait comment elle enferme chacun dans son silence et sa peur. Dans un « maquis » – ainsi appelle-t-on les cabarets, il m'a raconté son histoire. Il est né à côté de Moundou, dans le sud, à Gounou Gaya. Dans son village, les enfants ont construit eux-mêmes le collège. Voilà bien ce que Nyerere appelle *kujitegemea* : compter d'abord sur ses propres forces : Fest' Africa est, à sa façon, l'illustration de ce principe. Il était en seconde, dans un lycée commercial de la capitale quand la guerre a commencé en 1979. Le théâtre de M. Naindouba, de Baba Moustapha lui a tenu lieu de classe préparatoire. Réfugié dans le sud, avec ses amis, ils ont joué les classiques, puis ils ont écrit. C'est ainsi qu'il s'est retrouvé en URSS, puis en France. Pendant ce temps Hissène Habré, avec ses Toyota, avait pris Ndjamena !

Nocky pense à ceux qui ont vingt-quatre ans aujourd'hui et qui n'ont connu que la guerre : comment dresser des barrières de papier contre la barbarie ? Il a convié amis et collègues à partager son projet un peu fou d'une rencontre pour la paix et la littérature au milieu de l'Afrique. Le pétrole coule depuis peu dans un oléoduc vers l'Atlantique, il y en a pour trente ans et deux milliards et demi de dollars sont attendus de cette manne : la Banque mondiale veille à l'utilisation des revenus du pétrole pour des projets de développement culturel ou social.

Nocky a compris que la littérature ne pouvait rester dans les beaux quartiers du nord et su communiquer son enthousiasme et ses questions. De nombreux écrivains se sont joints au projet et cette participation a changé leur rapport à l'Afrique. Ainsi Boris Boubacar Diop a accompli le passage à l'écriture en wolof : « Sans le détour du Rwanda je ne serais pas retourné au wolof », dit-il. Au lieu de rejeter l'Afrique, il l'a assumée un peu plus, y compris dans sa dimension linguistique, ce qui pour un écrivain n'allait curieusement pas de soi. En somme le Rwanda a projeté une lumière atrocement crue sur les mensonges, les faux-fuyants de l'écriture : ce sont les grands intellectuels qui ont planifié ce génocide, ce sont les grands universitaires qui organisent le chaos meurtrier de la Côte d'Ivoire. Que les grands écrivains cessent de proclamer qu'il n'y a que le français !

La mémoire doit travailler, faire un profond retour sur elle-même. Le génocide n'a pas commencé en 1994, mais bien avant et les auteurs de tous les crimes jouissaient de l'impunité. Antoine Ruti dans *Nemo* (1977), racontait le Rwanda de 1959, 1963, 1973. Il suffisait de lire : son livre a échoué à la Pensée universelle, autant dire un enterrement ! Il était malséant de parler de ces choses du côté des Grands Lacs.

Yolande Mukagasana est devenue auteur de best-seller, à travers le cauchemar qu'elle a vécu au Rwanda : elle était infirmière, elle a perdu son mari et ses enfants, massacrés. Mais « la mort n'a pas voulu d'elle », titre de son récit (1997). Aujourd'hui elle élève vingt orphelins au Rwanda. Elle est belle, dans son pagne bleu fait d'un tissu moiré ; elle a une coiffe bleue, sur ses cheveux coupés court. Elle est venue à la séance de clôture en jeans, tennis, et chemisette. Sa voix rauque s'adresse à toutes les mères, elle appelle au secours pour les enfants de Côte d'Ivoire : nos enfants ne jouent plus aux soldats de bois, ils jouent avec des kalachnikovs. Yolande a résolu, pour elle-même, le problème central du Rwanda actuel : elle sait parler de la mort. Elle tient à dire que son appel vaut pour les enfants de ceux qui ont tué ses propres enfants. Un pour cent (quatre-vingt mille personnes) de la population rwandaise est en prison pour cause de génocide, mais il n'y a pas beaucoup de Yolande.

Ne me parlez plus de Chaka, écrit Ernest Pepin : il a raison ! Et pourquoi s'arrêter en si bon chemin ? Véronique Tadjo me dit qu'à l'intérieur du Trône d'or des Akan, il y a un cœur d'enfant : comment est-il venu là ? En allant au Rwanda, invitée par Nocky, elle s'est posée cette question trop peu débattue en Côte d'Ivoire. Les thuriféraires de la griotique ou de la drummologie – ces variations ivoiriennes sur les thèmes rebattus de l'indigénisme – ont rarement une vision critique de la tradition : la mémoire leur transmet une oralité sacrée. L'héroïsation de la récitation épique, la célébration des conquérants et des chefs de guerre, le culte de la tradition martiale, voilà bien quelques traits de la poésie rwandaise, recueillie par Alexis Kagame. Les devises font frémir rétrospectivement : les conquérants, les marteleurs, les découpeurs, les concasseurs. N'est-il pas temps au Rwanda aussi de prendre des distances avec la barbarie des armées bovines ?

Nuruddin Farah, invité, n'a pu nous rejoindre. Il est plus aisé de venir à Ndjamena de Paris que du Cap où il réside. Depuis plus de vingt ans il choisit d'habiter en Afrique : son pays, la Somalie, n'existe plus, je l'ai rencontré à Jos, revu à Kampala, où il vivait barricadé dans un quartier chaud : à chaque fois, il écrivait un roman !

Il y a dans l'effort de Nocky pour amener le Congrès « sous les étoiles » le souci de maintenir un fil tendu : celui qui relie 1956, le premier Congrès des écrivains et artistes noirs, et 1959 le second à Rome, peu de temps avant le Concile Vatican II, au Premier Festival mondial à Dakar en 1966. De quel mandat sont porteurs les écrivains ? Le nouvel engagement que Nocky appelle de ses vœux est à mon sens celui que Wole Soyinka a mis en œuvre : poète citoyen, président du Parlement international des écrivains, actif au Nigéria et ailleurs, il offre un modèle de la pratique de l'écrivain que nous aurions profit à connaître.

A Ndjamena on n'a pas assez dit combien Wole Soyinka était proche de Senghor et d'Alioune Diop. Son exemple est trop peu médité ; j'ai assisté au Symposium de Lagos (1988) organisé pour célébrer son Prix Nobel : en quinze ans les francophones ont gagné en indépendance par rapport à la « Mère des Arts, des armes, et des lois ». Il n'y a pas moins d'une vingtaine de mécènes « et de sponsors » pour Fest' Africa. Pourtant les drames de l'Afrique donnent une conscience aiguë de leur faiblesse aux écrivains. Beaucoup préfèrent partir. Le grand fossé aujourd'hui sépare ceux qui habitent en Afrique et ceux qui ont choisi de partir.

Alioune Diop habitait Paris et Dakar. Son catholicisme fervent était une voie vers l'universel. Il était l'époux de Christiane Yandé, Camerounaise, grâce à qui il fonda sa maison d'édition *Présence africaine* ; Nocky Djedanoun est le mari de l'Ivoirienne Maïmouna Coulibaly, sans laquelle il n'y aurait pas de Fest' Africa. La présence est une fête et chaque fois, il y a un couple qui unit le centre à l'ouest de l'Afrique et donne une première incarnation au rêve panafricain.

La séance de clôture a été dominée par la célébration d'Alioune Diop. Je l'ai connu à Los Angeles où il voulait organiser l'après-Dakar : je n'aurais pas pensé me trouver trois décennies plus tard à Ndjamena accomplissant ce vœu. Un autre orateur a prononcé l'éloge funèbre de Maoundoé Naindouba, auteur de *L'étudiant de Soweto* : l'orateur avait rencontré Naindouba pour la dernière fois à la sortie d'une messe. Le Congrès s'est achevé au CEFOD, un centre de formation permanente fondé « par les Jésuites », comme me l'a dit, presque en s'excusant, une journaliste française. Bien en évidence, à l'entrée de la salle, une affiche faisait l'éloge des capotes, dans la lutte contre le sida : ouf ! Jean-Paul II était loin. Nocky avait dû se replier dans ce lieu ; l'Etat tchadien ne pouvait assumer l'hébergement de la conférence ; le technicien son s'était mis en grève au début du Congrès.

En écoutant les débats sur le Rwanda, ma voisine, une jeune femme en jeans, m'a poussé du coude. Elle m'a dit : « Écoutez, celui-là qui réclame l'extradition d'Habré, il sait bien que cela ne se passera jamais : ils ont tous, lui en tête, profité de ses crimes ». Et elle a ajouté en riant : « Pensez que vous avez ici des colonels de dix-neuf ans, ils sont en quatrième, ils viennent en classe avec leur garde du corps ! » Elle avait vu des gens égorgés parce qu'ils donnaient de l'eau à des

« rebelles ». Elle était libre dans ses paroles et ses attitudes ; je lui ai demandé son adresse : Couvent Sainte Marie, elle était religieuse, « sœur » m'a-t-elle dit. Les participantes françaises paraissaient un peu décontenancées d'entendre un tel éloge de Rome, des Conciles, des écrivains qui allaient à la messe. Pour un peu, elles auraient vu là une conjuration jésuite de plus ! Dur d'assumer jusqu'au centre de l'Afrique cet héritage chrétien que nous chassons du préambule de la Constitution européenne ! Absence de (sic) Dieu merci ! comme me l'a dit l'une des militantes françaises, fière de débusquer le Créateur jusque dans les locutions les plus anodines : savait-elle qu'elle ouvrait ainsi la voie à la théologie négative ? Elle n'avait sans doute pas assez parlé avec la « sœur ».

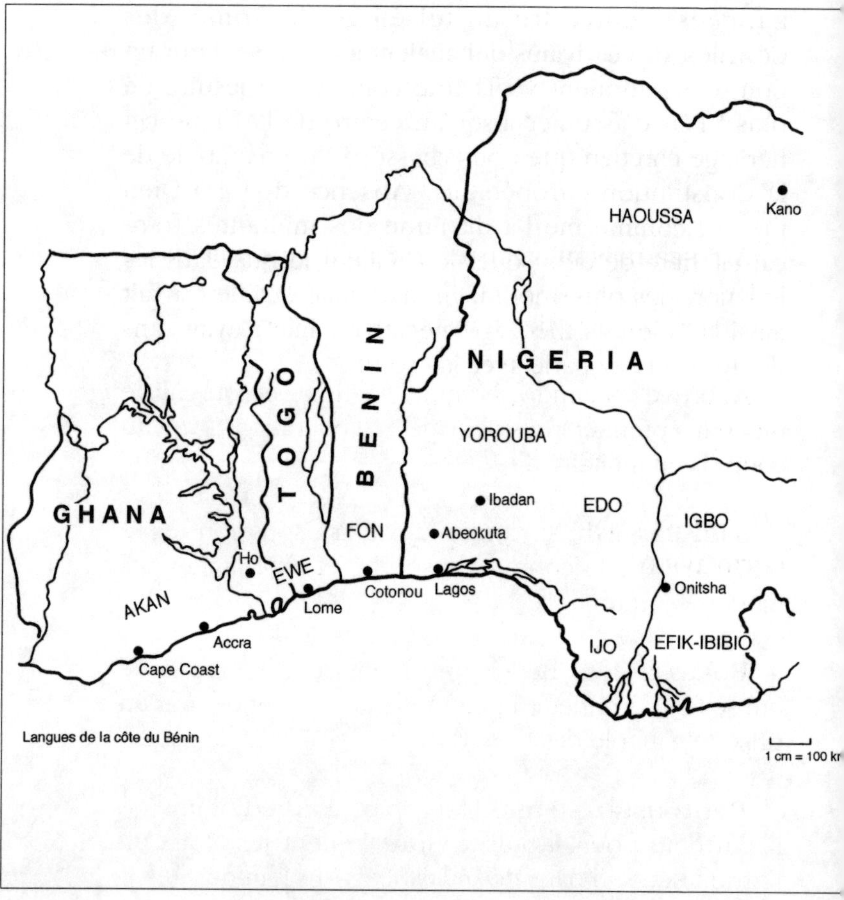

Langues de la côte du Bénin

Glossaire

Afro-centrisme, mouvement intellectuel qui fait de l'Afrique l'origine de la civilisation, en particulier à travers l'héritage égyptien transmis par la Grèce.

Azikiwe (Nnamdi), homme politique et journaliste nigérian, premier président de la Fédération jusqu'au coup d'état militaire de 1966.

Said Bargash, sultan de Zanzibar : sous son règne (1870-1888) l'île connut prospérité et aménagements modernes (train...).

Bokassa (Jean Bedel), président de la Centrafrique qui se fit couronner empereur en 1977 avant de finir en prison. Symbole des pires dérives de la « Françafrique ».

Bantoustan, terme forgé par les idéologues de l'apartheid pour expulser virtuellement les Noirs de l'Afrique du sud dans des états fictifs, les bantoustans.

Bardey (Alfred), patron de Rimbaud, négociant lyonnais devenu explorateur commercial.

Barth (Heinrich), explorateur et savant allemand, dont l'œuvre domine le siècle des explorations.

Beier (Ulli), traducteur et essayiste allemand, animateur des mouvements d'avant-garde au Nigéria entre 1956 et 1978.

Bendelite, ressortissant de ce qui fut un temps l'état nigérian du Bendel, aujourd'hui état d'Edo.

Buibui, litt. : araignée ; grand voile « généralement de mousseline noire » dont les femmes se couvrent sur la côte swahili.

CFA, sigle de la Communauté financière africaine qui a donné son nom à une monnaie, le franc CFA.

Congo (RDC), après la chute de Mobutu en 1997, le Zaïre a repris le nom de Congo, mais pour se distinguer de l'ancien Congo – Brazzaville, l'ex Congo belge est aujourd'hui République Démocratique du Congo.

Diop (Alioune), intellectuel et essayiste sénégalais, fondateur de la revue et des éditions *Présence Africaine.*

Diop (Cheikh Anta), professeur et historien sénégalais, dont les idées sur les rapports anciens entre l'Egypte et le reste de l'Afrique ont contribué à un renouvellement des recherches historiques.

Diop (Boris Boubacar), romancier sénégalais, auteur de plusieurs romans en français, écrivant maintenant en wolof.

Eyadema (Gnassingbe, Etienne), général et président du Togo. Décédé en 2005, il était le plus ancien chef d'état africain en activité. Dans les année soixante-dix en disciple zélé de Mobutu, il instaura l'authenticité qui consista essentiellement en un rejet des prénoms chrétiens au profit de prénoms africains. Par exemple Etienne est devenu Gnassingbe... Ce personnage a la distinction d'avoir servi de modèle au tyran Koyoaga dans le roman d'Ahmadou Kourouma, *En attendant le vote des bêtes sauvages.*

Fachoda, nom du poste militaire français établi en 1898 sur le Nil, évacué très vite pour faire droit aux prétentions anglaises sur le Soudan.

FPR, front patriotique rwandais, mouvement de guérilla fondé par des réfugiés tutsis en Ouganda qui a pris le pouvoir au Rwanda après le génocide de 1994.

Françafrique, ce complexe d'intérêts croisés entre partis politiques français, chefs d'états africains et entreprises, surtout pétrolières, sur lequel veille la cellule Afrique de l'Elysée...

Gérard (Albert), professeur de littérature comparée à Liège. Fondateur de l'étude scientifique des littératures africaines modernes.

Isibongo, (plur. : izi-), chant d'éloge zoulou.

Habyarimana (Juvenal), président du Rwanda dont la mort, lors d'un attentat contre son avion, le 6 avril 1994, a été le signal du début du génocide.

Habré (Hissène), ancien sous-préfet devenu chef de guerre, et président du Tchad. Aujourd'hui renversé et inculpé de crimes de guerre, il est réfugié au Sénégal. Il devint célèbre en kidnapant Françoise Claustre, chercheuse au CNRS. Le film de Raymond Depardon, *La captive du désert*, raconte cette détention.

Lafont (Robert), poète occitan, professeur de philologie romane, essayiste et penseur du régionalisme.

Kabaka, souverain des Baganda de l'Ouganda. La rencontre et les discussions avec le Kabaka constituent l'essentiel du récit de Speke.

Karoo, grand désert central de l'Afrique du sud.

Karume, premier président de Zanzibar, issu de la Révolution de 1964 et assassiné en 1972.

Kasala, chant de déploration des femmes du Kasai.

Kokouvito, litt : grosse bitte, surnom de Sylvestre Adenyo, mécanicien et acteur de *concert-party* mort en 1988.

Kolwezi, ville minière qui fut le théâtre d'une gigantesque prise d'otages à laquelle une opération militaire française mit fin en 1978, lors de la seconde guerre du Shaba.

Livingstone (David), missionnaire et explorateur écossais, qui consacra sa vie à la lutte contre l'esclavage et à la propagation des lumières du christianisme et de la civilisation britannique. Considéré à l'égal d'un saint dans la confession anglicane.

Lugard, soldat et administrateur colonial britannique, théoricien du gouvernement indirect : que les autorités traditionnelles africaines restent en place pourvu que l'Empire britannique commande et taxe.

Lumumba (Patrice), premier ministre du Congo indépendant pendant quelques mois en 1960. Assassiné en 1961. Figure mythique de l'anticolonialisme.

Njoya, sultan des Bamoum, au Cameroun, inventeur d'une écriture originale, dans laquelle il compose plusieurs ouvrages vers 1920.

Nkrumah (Kwame), premier ministre du premier état décolonisé de l'Afrique noire en 1956, le Ghana. Théoricien du panafricanisme, il n'évite pas le culte de la personnalité et il est finalement renversé en 1966 par un coup d'état militaire.

Nyerere (Julius), homme d'état tanzanien, historien, architecte de la politique, largement réussie, de construction nationale de la Tanzanie à partir de la swahilisation de l'enseignement et de la culture. Quitte volontairement le pouvoir.

Olduvai, site archéologique du nord de la Tanzanie dans lequel Louis Leakey a identifié les traces de l'homme de Zinj, qui aurait marché il y a 2 millions d'années.

Olympio (Sylvanus), premier président du Togo indépendant. Assassiné lors du coup d'État qui le renverse le 13 janvier 1963. Le chef des insurgés est le sergent Eyadema.

Onitsha, ville où passe la route qui relie l'ouest à l'est du Nigeria. Le plus grand marché de l'Afrique de l'ouest s'y tenait. De nombreuses boutiques vendaient des livrets composés par des écrivains locaux.

Salome Ruete, princesse de Zanzibar, qui s'enfuit avec son amant allemand, et revient quelques années plus tard réclamer sa part d'héritage avec la bénédiction de Bismarck. Elle raconta ses souvenirs de Zanzibar dans un livre.

Serengeti, immense parc national tanzanien à l'est du lac Victoria et au sud de la frontière kényane.

Shango, dieu yorouba du tonnerre et de électricité.

Sissoko (Fily Dabo), écrivain et homme politique malien dont l'œuvre a été oubliée injustement : il n'était pas dans les partis qui prirent le pouvoir aux Indépendances.

Shagari, président de la République (la deuxième) du Nigéria, dont le mandat s'achève sur un coup d'État militaire à la fin de 1983.

Speke, compagnon d'exploration de Burton. Il déduisit correctement que l'altitude du lac Victoria en faisait le réservoir supérieur du Nil, contrairement à

Burton qui tenait pour le Tanganyika et n'en voulait point démordre.

Stanley, tout le contraire de Livingstone auquel il voulait pourtant se comparer. Conquérant violent du Congo pour le compte du roi des Belges, sans scrupules, mais non sans prétentions.

TANU, parti unique de la Tanzanie socialiste du temps de Nyerere.

Taraba, l'un des trente-six états nigérians. Nouveau nom du Gongola.

Tshombé (Moïse), leader de la sécession du Katanga, fondé de pouvoir des compagnies minières.

Turquoise, opération militaire montée par la France pour s'interposer entre le FPR et l'armée rwandaise en fuite en mai-juin 1994.

Wenger (Suzanne), artiste autrichienne, installée au Nigéria où elle a créé une école autour du studio Mbari.

Ukerewe, archipel du lac Victoria. Tout pousse sur ces îles qui abritent une nombreuse population et où s'établirent les premières missions catholiques au début du XXe siècle.

Wazobien, terme forgé à partir d'emprunts à diverses langues pour désigner les trois plus grands groupes ethniques nigérians.

Groupes ethniques de l'Afrique orientale cités dans le texte.

Bibliographie

– Abdalla, A. *Sauti ya Dhiki*, Oxford University Press, Nairobi, 1973.

– Abdulaziz, M.-H. *Muyaka, 19th Century Swahili Popular Poetry*, Kenya Literature Bureau, Nairobi, 1979.

– Abecassis, E. *Petite métaphysique du meurtre*, PUF, Paris, 1998.

– Achebe, C. *Things Fall Apart*, Heinemann, London, 1958,

– Achebe, C. *The Trouble with Nigeria*, Fourth Dimension, Enugu, 1983.

– Achebe, C. *Anthills of the Savannah*, Heinemann, London, 1987.

– Adam, Adam Shafi. *Les Girofliers de Zanzibar*, Karthala, Paris, 1986 (traduction française de Kasri ya Mwinyi Fuad, *Dar es Salaam*, 1978).

– Adejunmobi, M. *J.-J. Rabearivelo, Literature and Lingua Franca in Colonial Madagascar*, Peter Lang, New York, 1996.

– Alem, K. *Cola cola Jazz*, Dapper, Paris, 2002.

– Alemdjrodo, K. *Chemins de croix*, NEA, Lomé, 1991.

– Amegbleame, S. *Le livre ewe, essai de bibliographie*, Centre d'études d'Afrique noire, Talence, 1975.

– Amela, J. *Odes lyriques*, Akpagnon, Paris, 1983.

– Amselle, J.-L., Sibeud, E. (sous la direction de) *Maurice Delafosse, entre orientalisme et ethnographie : l'itinéraire d'un Africaniste (1870-1926)*, Maisonneuve et Larose, Paris, 1998.

– Arbousset, T. *Relation d'un voyage d'exploration au nord-est de la colonie du Cap de Bonne Espérance*, Société des missions évangéliques, Paris, 1842.

– Arbousset, T. *Excursion missionnaire dans les montagnes bleues suivi de la notice sur les Zoulas*, Introduction par A. Ricard, Karthala/IFAS, Paris/Johannesburg, 2000.

– Askew, K. *Performing the Nation : Swahili Music and cultural politics in Tanzania*, Chicago University Press, Chicago, 2002.

– Auerbach, E. *Mimesis* (trad. de l'allemand par Cornelius Heim, Gallimard, Paris, 1968).

– Balandier, G. *Littératures de l'Afrique et des Amériques noires*, in *Histoire des littératures 1*, sous la direction de Raymond Queneau, Encyclopédie de la Pléïade, Gallimard, Paris, 1955, p. 1537-1567.

– Balandier, G. *Sociologie actuelle de l'Afrique noire*, Presses universitaires de France, Paris, 1955.

– Balandier, G. *Afrique ambiguë*, Plon, collection Terre humaine, Paris, 1957.

– Balandier, G. *La vie quotidienne au Royaume de Kongo*, Hachettte, Paris, 1965.

– Balandier, G. *Sens et puissance*, Presses universitaires de France, Paris, 1973.

– Balandier, G. *Histoires d'autres*, Stock, Paris, 1977.

– Balandier, G. *Civilisés, dit-on*, Presses universitaires de France, Paris, 2003.

– Bamgbose, A. *The Novels of D.O. Fagunwa*, Ethiope, Benin City, 1974, 132 p.

– Bamgbose, A. (sous la dir. de) *Mother Tongue in Education*, Hodder and Stoughton/Unesco, London/Paris, 1976.

– Barber, K. *I could Speak until Tomorrow, Oriki, women and the past in a Yoruba Town*, Edimbourg University Press International African Institute, Edimbourg, 1990.

– Barber, K., Collins, J., Ricard A. *West African Popular Theater*, Indiana University Press, Bloomington, Indianapolis, 1997.

– Barber, K. *The Generation of plays, Yoruba popular life in Theater*, Indiana University Press/James Currey, Bloomington/Oxford, 2000.

– Bardey, A. *Barr Adjam, souvenirs d'Afrique orientale, 1880-1887*, CNRS, Paris, 1981.

– Barth, H. *Reisen und Entdeckungen* (édition de référence allemande, en deux volumes) in *Nord-und Central-Afrika in den Jahren 1849 bis 1855 von Dr. Heinrich Barth.* Im Auszuge bearbeitet. Gotha: Verlag von Justus Perthes. Erster Band : 1859 ; Zweiter Band : 1860 (version courte du grand ouvrage en cinq volumes : *Im Auszuge bearbeitet*). Traduction française (en quatre volumes) : *Voyages et découvertes dans l'Afrique septentrionale et centrale pendant les années 1849 à 1855 par le Docteur Henri Barth.* Traduction de l'allemand par Paul Ithier. Seule édition autorisée par l'auteur et l'éditeur allemands. A. Bohné, Libraire, Paris ; Fr. Van Meenen et Cie, Imprimeurs-Editeurs, Bruxelles. Tome I et Tome II : 1860 ; Tome III et Tome IV : 1861.

– Batukezanga, Z. *Souvenirs du village*, Saint Paul, Kinshasa, 1983.

– Batukezanga, Z. *Luozi, trente ans après*, Zabat, Kinshasa, 1985.

– Bayart, J.-F. *L'Etat en Afrique, la politique du ventre*, Fayard, Paris, 1989.

– Bertoncini, E. *Profilo della letteratura swahili*, Istituto orientale, Naples, 1985.

– Bontinck, F. *L'autobiographie de Hamed Ben Mohammed el Murjebi Tippo Tip*, trad. du Kiswahili et annoté par K. Janssen, Académie royale des sciences d'outre-mer, Brussels, 1974.

– Borer, A. *Un sieur Rimbaud se disant négociant*, Lachenal et Ritter, Paris, 1984.

– Boyd, W. *A good Man in Africa* (traduction française : *Un Anglais sous les Tropiques*, traduit de l'anglais par Christiane Besse, Le Seuil, Paris, 1986), Balland, Londres, 1972.

– Bureau, J. *Marcel Cohen et ses successeurs, ou cent ans d'études éthiopiennes en France*, Maison des études éthiopiennes, Ambassade de France en Ethiopie, Addis-Abeba, 1997.

– Camara, S. *Gens de la parole*, Mouton, La Haye/Paris, 1975.

– Camara, S. *Paroles très anciennes*, La pensée sauvage, Grenoble, 1982.

– Camara, S. *Les vergers de l'aube*, Confluences, Bordeaux, 2001.

– Chrétien, J.-P. *Le défi de l'ethnisme. Rwanda et Burundi (1990-1996)*, Karthala, Paris, 1997.

– Chrétien, J.-P. (sous la direction de) *Rwanda, les médias du génocide*, Karthala, Paris, 2002.

– Conchon, G. *L'Etat sauvage*, Grasset, Paris, 1963.

– Copans, J. *La longue marche de la modernité*

africaine, (deuxième édition augmentée), Karthala, Paris, 1998.

– Coplan, D. *« In Township tonight ! », Musique et théâtre dans les villes noires d'Afrique du sud*, Karthala, Paris, 1992 (1e édition 1985).

– Coplan, D. *In the Time of Cannibals, The word music of South Africa Basotho Migrants*, University of Chicago Press, Chicago, 1994.

– Couchoro, F. *L'esclave*, La dépêche africaine, Paris, 1929.

– Couchoro, F. *Amour de féticheuse*, Imp. d'Almeida, Ouidah, 1941.

– Couchoro, F. *Drame d'amour à Anecho*, Imp. d'Almeida, Ouidah, 1950.

– Crowder, M. *Senegal : a Study of French Assimilation policy*, Methuen, Londres, 1967.

– De Broglie, G. *Le français pour qu'il vive*, Gallimard, Paris, 1986.

– De Beaucé, T. *Nouveau discours sur l'universalité de la langue française*, Gallimard, Paris, 1988.

– De La Guérivière, J. *Les fous d'Afrique : histoire d'une passion française*, Seuil, Paris, 2001.

– Depardon, R. *La captive du désert*, film avec Sandrine Bonnaire, 1989.

– Depardon, R. *Afrique, comment ça va avec la douleur*, film documentaire, 1998.

– Diallo, B. *Force-Bonté*, Rieder, Paris, 1926.

– Diop, C. A. *Les fondements économiques et culturels d'un Etat fédéral d'Afrique noire*, Présence africaine, Paris, 1974.

– Diop, C. A. *Nations nègres et culture, De l'antiquité nègre égyptienne aux problèmes culturels de l'Afrique noire aujourd'hui*, Présence africaine, Paris, 1979.

– Diop, C. A. *Nouvelles recherches sur l'égyptien ancien et les langues négro-africaines modernes*, Présence africaine, Paris, 1988.

– Dozon, J.-P. *Frères et sujets : la France et l'Afrique en perspective*, Flammarion, Paris, 2003.

– Dussoutour-Hammer, M. *Amos Tutuola, Tradition orale et écriture du conte*, Présence africaine, Paris, 1976.

– Efoui, K. *Le carrefour*, Harmattan, Paris, 1990.

– Efoui, K. *La fabrique de cérémonies*, Le Seuil, Paris, 2001.

– Escarpit, R. *La révolution du livre*, Unesco, Paris, 1965.

– Escarpit, R. *Hemingway*, La Renaissance du livre, Bruxelles, 1964.

– Escarpit, R. *L'écrit et la communication*, PUF, Que sais je ?, Paris, 1973.

– Escarpit, R. *Le jeune homme et la nuit*, Flammarion, Paris, 1979.

– Espagne, M. « Völkerpsychologie et anthropogéographie : le cas de Leipzig », in Trautmann-Walter, C. (sous la direction de) *Quand Berlin pensait les peuples*, CNRS, Paris, 2004, p. 191.

– Etiemble, R. *Essais de littérature (vraiment) générale*, Gallimard, Paris, 1974.

– Fabian, J. *Jamaa, A. Charismatic movement in Katanga*, Nothwestern University Press, Evanston, 1971.

– Fabian, J. *Language and Colonial Power : The Appropriation of Swahili in the Former Belgian Congo*, Cambridge University Press, Cambridge, 1986.

– Fabian, J. *Power and performance : Ethnographic explorations through Proverbial Wisdom and Theater in Shaba*, Madison, the University of Wisconsin Press, Zaire, 1990.

– Fabian, J. *Remembering the Present, Paintings and Popular History in Zaire*, University of California Press, Berkeley/Los Angeles/Londres, 1996.

– Faïk-Nzuji, C. *Murmures, poèmes*, éditions Lettres Congolaises, Kinshasa, 1967.

– Faïk-Nzuji, C. *Kasala, poèmes*, éditions Mandore, Kinshasa, 1969.

– Faïk-Nzuji, C. *Enigmes luba, nshinga, étude structurale*, éditions de l'Université Lovanium, Kinshasa, 1970.

– Faïk-Nzuji, C. *Kasala, chant héroïque luba*, Presses de l'UNAZA, Lubumbashi, 1974.

– Faïk-Nzuji, C. *Lenga et autres contes d'inspiration traditionnelle*, Imprimerie Saint-Paul, Lubumbashi, 1976, 78 p.

– Faïk-Nzuji, C. *Symboles graphiques en Afrique noire*, Karthala/Ciltade, Paris/Louvain, 1992.

– Falgayrettes-Leveau, Ch. (sous la direction de), *Arts d'Afrique*, Musée Dapper/Gallimard, Paris, 2000.

– Falgayrettes-Leveau, Ch. (sous la direction de) *Parures de tête, Hairstyles and headdresses*, Musée Dapper, Paris, 2003.

– Fioupou, C. *La route, Réalité et représentation dans l'œuvre de Wole Soyinka*, Rodopi, Amsterdam/Atlanta, 1994.

– Fugard, A. *Three Port Elizabeth plays : The Blood Knot, Hello and Goodbye, Boesman and Lena (Boesman et Lena,* trad. de l'anglais par Isabelle Famchon, éd. de l'Opale, Paris, 1979), Oxford University Press, London/Capetown, 1974.

– Fugard, A. *The Road to Mecca*, Faber and Faber, Londres, 1985.

– Fugard, A. *Valley Road*, Faber and Faber, Londres, 1996.

– Galle, E. *L'homme vivant de Wole Soyinka*, Silex, Paris, 1987.

– Gérard, A. « Antoine Roger Bolamba ou la révolution subreptice », *La revue nouvelle n° 46* (10), 1966, p. 286-298.

– Gérard, A. *Four African Literatures : Xhosa, Sotho, Zulu, Amharic*, University of California Press, Berkeley/Los Angeles, 1971, 458 p.

– Gérard, A. *African Language Literatures*, Longman/Three Continents, London/Washington DC, 1981, 348 p.

– Gérard, A. (sous la dir. de) *Comparative Literature and African Languages*, Via Afrika, Goodwood, 1982.

– Gérard, A. *Essais d'histoire littéraire africaine*, ACCT/Naaman, Paris/Sherbrooke, 1984, 248 p.

– Gérard, A. (sous la dir. de) *European-Language Writing in Sub-Saharan Africa*, vol. 1 et 2, in *A Comparative History of Literatures in European Languages*, Akademiai Kiado, International Comparative Literature Association, Budapest, 1986, 1289 p.

– Godard, J.-L. *Histoire(s) du cinéma*, Gallimard (4 volumes), Paris, 1998.

– Gourevitch, P., *Nous avons le plaisir de vous informer que demain nous serons tués avec nos familles*, trad. de l'anglais par Ph. Delamarre, Denoël, Paris, 1999.

– Hagège, C. *L'homme de paroles*, Fayard, Paris, 1985.

– Hagège, C. *Le français et les siècles*, Odile Jacob, Paris, 1987.

– Hartwig, G. *The art of survival in East Africa, the Kerebe and long distance trade, 1800-1895*, Holmes and Meier, New York/Londres, 1976.

– Hatzfeld, J. *Dans le nu de la vie, récits des marais rwandais*, Le Seuil, Paris, 2000.

– Herskovits, M. *The Myth of the Negro Past*, New York, 1941 (traduit de l'anglais par François Vaudou, *L'Héritage du Noir*, Présence africaine, Paris, 1959).

– Herskovits, M. *Man and his Works*, New York, 1948 (traduit de l'anglais par François Vaudou : *Les bases de l'Anthropologie culturelle*, Payot, Paris, 1960).

– Herskovits, M., Herskovits, F. *A Dahomean Narrative*, Northwestern University Press, Evanston, 1958.

– Hesseling, G. *Histoire politique du Sénégal*, Karthala/Afrika Studiecentrum, Paris/Leiden, 1985.

– Houis, M. *Anthropologie linguistique de l'Afrique noire*, Presses universitaires de France, Paris, 1971.

– Hussein, E. *Kinjeketile*, Oxford University Press, Dar es Salaam/Nairobi, 1969, 49 p. (*Kinjeketile*, traduit du swahili par l'auteur, Oxford University Press, Dar es Salaam, 1970).

– Hussein, E. *Michezo ya kuigiza*, East African Publishing House, Nairobi/Dar es Salaam/Kampala, 1970.

– Hussein, E. *Mashetani*, Oxford University Press, Nairobi, 1971.

– Hussein, E. *On the Development of Theatre in East Africa*, D. Phil thesis, Humboldt Universitat, Berlin, 1974.

– Hussein, E. *Jogoo kijijini, Ngao ya jadi*, Oxford University Press, Nairobi, 1976.

– Hussein, E. *Arusi*, Oxford University Press, Nairobi, 1980.

– Hussein, E. *Kwenye ukingo wa Thym*, Oxford University Press, Nairobi, 1988, (*At the Edge of the Thim*, Oxford University Press, Nairobi, 2000).

– Irele, A. *The African Experience in Literature and Ideology*, Heinemann, London/Ibadan/Nairobi, 1981, 216 p.

– Irele, A. « Eloge de l'aliénation », Notre librairie n° 98, 1989, p. 46-58.

– Irele, A. *The African Imagination, Literature in Africa and the Black Diaspora*, Oxford University Press, Oxford/New York, 2001.

– Jahn, J., *Muntu*, traduit de l'allemand par Brian de Martinoir, Seuil , Paris, 1961.

– Jahn, J. *Neo-African Literature ; a History of Black Writing*, Grove Press, New York, 1968.

– Jahn, J. and Dressler, C. P. *Bibliography of Creative African Writing*, Kraus Thomson, Nendeln (Liechtenstein), 1971.

– Jewsiewicki, B. (sous la direction de) *Naître et mourir au Zaïre, un demi siècle d'histoire au quotidien*, Karthala, Paris, 1993.

– Jeyifo, B. *The Yoruba Popular Travelling Theater of Nigeria*, Nigeria Magazine Publication, Lagos, 1984.

– Kagabo, J. « Alexis Kagame », in *L'école de la tradition*, Radio France Internationale, Paris, 1986, p. 31-48.

– Kagame, A. *Isoko Y'amajyambera*, éditions royales, Kabgayi, 1949-1951, 3 vols.

– Kagame, A. *Histoire des armées bovines dans l'ancien Rwanda*, Académie royale des sciences d'outre-mer, Brussels, 1961.

– Kagame, A. *Les milices du Rwanda précolonial*, Académie royale des sciences d'outre-mer, Brussels, 1963.

– Kagame, A. *La philosophie bantu comparée*, Présence africaine, Paris, 1976.

– Kagame, A. *Indyohesha Birayi,* éditions royales, Kabgayi, 1949 (traduit du kinyarwanda par Anthère Nzabatsinda, *Le relève-goût des pommes de terre*, Les classiques africains, Paris, 2004).

– Kesteloot, L. *Les écrivains noirs de langue française, naissance d'une littérature*, éditions de l'Université libre, Brussels, 1977 (1ère éd. 1964).

– Kesteloot, L. *Histoire de la littérature négro-africaine*, Karthala/AUF, Paris, 2001.

– Kezilahabi, E. *Kichwa maji*, East African Publishing House, Dar es Salaam, 1974.

– Kezilahabi, E. *Sofferenza* (traduit du kiswahili, *Kichomi*, par E. Bertoncini), Plural, Naples, 1987.

– Kisimba Mukalay, E. *Congo, mon Congo*, Les petits génies, Lubumbashi, 2000.

– Kitereza, A. *Les enfants du faiseur de pluie*, L'Harmattan/Unesco, Paris, 1996 (traduit du kiswahili par Simon Baguma Mweze en collab. avec Olivier Barlet, *Bwana Myombekere na Bibi Bugonoka*, Dar es Salaam, 1980).

– Kitereza, A. *Myombekere et Bugonoka* (traduit du kikerewe par G. Ruhumbika, Mkuki na Nyota Publishers, Dar es Salaam, 2002.

– Kourouma, A. *Les soleils des indépendances*, Le Seuil, Paris, 1970.

– Kourouma, A. *Monnè, outrages et défis*, Le Seuil, Paris, 1990.

– Kourouma, A. *En attendant le vote des bêtes sauvages*, Le Seuil, Paris, 1998.

– Kuper, L. *Genocide*, Yale University Press, New Haven, 1981.

– Labou Tansi, S. *La vie et demie*, Le Seuil, Paris, 1979.

– Labou Tansi, S. *L'anté-peuple*, Le Seuil, Paris, 1983.

– Labou Tansi, S. *Les sept solitudes de Lorsa Lopez*, Le Seuil, Paris, 1985.

– Labou Tansi, S. *Lettre ouverte à François Mitterrand, candidat humaniste aux élections françaises*, Propos scientifiques, Lomé, mars 1988.

– Laforest, M. *À travers la vallée de la perte et du gain ou comment traduire Amos Tutuola*, Cahiers du Centre régional des lettres d'Aquitaine, hiver 1997, p. 63-65.

– Leiris, M. *Miroir de l'Afrique*, textes sur l'Afrique rassemblés et présentés par Jean Jamin, Gallimard, collection Quarto, Paris, 1996.

– Leys, S. *Georges Orwell*, Hermann, Paris, 1985.

– Martin, P. *Leisure and Society in Colonial Brazzaville*, Indiana University Press, Bloomington/Indianapolis, 1995.

– Mauny, R. *Les siècles obscurs de l'Afrique noire*, Fayard, Paris, 1970.

– Möhlig, W. J. G. « Diedrich Westermann : pionnier de la recherche sur la culture ewe », in Riesz, Ricard (sous la direction de), *Le Champ littéraire togolais*, Bayreuth, 1991, p. 67-82.

– Mofolo, T. *L'Homme qui marchait vers le soleil levant*, Confluences, Bordeaux, 2003 (traduction française du sesotho par Victor Ellenberger, revue par Paul Ellenberger, de *Moeti oa Bochabela*, 1907).

– Mudimbe, V. Y. *The Invention of Africa, Gnosis, Philosophy and the Order of Knowledge*, Indiana University Press, Bloomington/Indianapolis, 1988.

– Mudimbe, V. Y. *Shaba Deux*, Présence africaine, Paris, 1989.

– Mudimbe, V. Y. *Parables and Fables, Exegesis, Textuality and Politics in Central Africa*, University of Wisconsin Press, Madison, 1991.

– Mudimbe, V. Y. (sous la dir. de) *The Surreptitious Speech, Présence Africaine and the Politics of Otherness, 1947-1987*, University of Chicago Press, Chicago/London, 1992.

– Mukagasana, Y. *La mort ne veut pas de moi*, Fixot, Paris, 1997.

– Naindouba, M. *L'étudiant de Soweto*, Hatier, Paris, 1981.

– Naipaul, S. *North of South*, André Deutsch, Londres, 1978, traduit en français par Valérie Barranger et Catherine Belvande, *Au nord du sud*, éditions du Rocher, Paris, 1992.

– Ndao, C. *L'exil d'Alboury*, Paris, P. J. Oswald, 1967.

– Ngalasso, M. M. « Tableau d'ensemble sur les situations et politiques linguistiques dans les 46 États d'Afrique », Définition d'une stratégie relative à la promotion des langues africaines, documents of the meeting held in Conakry, Guinée, 21-25 septembre 1981, Unesco, Paris, 1985, p. 95-114.

– Ngalasso, M. M. « Usages du français dans un milieu urbain africain », *Présence francophone*, n° 33, 1988, p. 105-120.

– Osofisan, F. « Discours (peu) académique : les Humanités contribuent elles à l'humanisation ? », *Politique africaine*, n° 13, 1984, p. 65-78.

– Pachet, P. *Un à un, de l'individualisme en littérature (Michaux, Naipaul, Rushdie)*, le Seuil, Paris, 1993.

– Pepin, E. *Remolino de palabras libres* (« Boucan de mots libres »), Casa de las Americas, La Havane, 1991.

– Piriou, A., Sibeud, E. (sous la direction de) *L'Africanisme en questions*, EHESS, Centre d'études africaines, Paris, 1997.

– Plaatje, S. T. *Mhudi*, Quagga Press, Johannesburg, 1975, 165 p. (traduction française de Jean Sévry, Actes Sud, 1997).

– Plaatje, S. T. *Native Life in South Africa*, Longman, London, 1987.

– Plaatje, S. T. *Mafeking Diary, A Black Man's View of a White Man's War*, Southern Book Publishers, Johannesburg, 1989.

– Prunier, G. *The Rwanda Crisis : History of a Genocide, 1959-1994*, Hurst, Londres, 1995.

– Ranger, *T. Dance and Society in Eastern Africa, 189O-1970 : The Beni Ngoma*, Heinemann Educationnal Books, Londres, 1975.

– Ricard, A. *Théâtre et nationalisme*, Présence africaine, Paris, 1972.

– Ricard, A. *Livre et communication au Nigeria*, Présence africaine, Paris, 1975.

– Ricard, A. *L'invention du théâtre : le théâtre et les comédiens en Afrique noire*, L'Age d'homme, Paris/Lausanne, 1987.

– Ricard, A. « Les Humanités peuvent contribuer à l'Humanisation », *Politique africaine*, n° 39, 1990, p. 124-134.

– Ricard, A. *Littératures d'Afrique noire : des langues aux livres*, CNRS/Karthala, Paris, 1995.

– Ricard, A. *Ebrahim Hussein : Théâtre swahili et nationalisme tanzanien*, Karthala, Paris, 1998.

– Ricard, A. *Voyages de découverte en Afrique*, Laffont/Bouquins, Paris, 2000.

– Riesz, J. « Audible Gasps From the Audience : Accusations of Plagiarism Against African Authors and Historical Contexts », *Yearbook of Comparative and General Literature,* n° 43, 1995, p. 84-96.

– Riesz, J. *Französisch in Afrika. Herrschaft durch Sprache*, IKO Verlag fürInterkulturelle Kommunikation, Frankfurt, 1998.

– Riesz, J., Ricard A. (sous la dir. de) *Semper Aliquid novi, Littérature comparée et littératures d'Afrique, Mélanges offerts à Albert Gérard*, Gunter Narr, Tübingen, 1990, 404 p.

– Riesz, J., Ricard A. (sous la dir. de) *Le champ littéraire togolais*, African Studies 23, Bayreuth, 1991.

– Rilly, C. « Les études méroïtiques », in *Au fil du Nil, le parcours d'un égyptologue, Jean Leclant*, colloque de la Fondation Singer-Polignac, Paris, 2002, p. 95-105.

– Rotberg, R. *Africa and its explorers*, Harvard University Press, Cambridge, 1970.

– Rouch, J. *La religion et la magie songhai*, Éditions de l'Université de Bruxelles, Bruxelles, 1989 (première édition, 1954), suivi de *La notion de personne en Afrique noire*, p. 337-352 (première édition, 1973).

– Rouget, G. *La Musique et la transe*, Gallimard, Paris, 1980.

– Saro-Wiwa, K. *Sozaboy*, Saros International Publishers, Port-Harcourt, 1986 (traduction française par Samuel Millogo et Amadou Bissiri, Actes Sud, 1998).

– Schicho, W., Ndala, M. *Le Groupe Mufwankolo*, Institut d'Africanistique et d'Egyptologie, Vienne, 1981.

– Schreiner, O. *Story of an African Farm*, Ad Donker, Johannesburg, 1883 (traduction française par Elisabeth Janvier, Phébus, Paris, 1999).

– Schweinfurth, G. *Au cœur de l'Afrique*, traduit de l'allemand et de l'anglais par H. Loreau, Hachette, Paris, 1875, 2 volumes.

– Seydou, C. *Bergers des mots*, 1991, textes repris dans *Voix d'Afrique, 1, Poésie, anthologie*, éditée par Seydou, Biebuyck, Bekombo, Paris, Les Classiques africains, 1997.

– Simenon, G. *45° à l'ombre*, Gallimard, Paris, 1936.

– Simenon, G. *Le Blanc à lunettes*, Gallimard, Paris, 1937.

– Smith, S. *Négrologie, pourquoi l'Afrique meurt*, Calmann-Lévy, Paris, 2003.

– Soyinka, W. « Towards a True Theater », 1962, reprinted in Y. Ogunbiyi (édité par) *Drama and Theater in Nigeria*, a Critical Source Book, 1981, p. 457-461.

– Soyinka, W. *A Dance of the Forests*, Oxford University Press, London/Ibadan, 1963 (*La Danse de la forêt*, traduction française par Elisabeth Janvier, P.J. Oswald, 1971).

– Soyinka, W. *The Lion and the Jewel*, Oxford University Press, London/Ibadan, 1963 (*Le Lion et la perle*, traduction française de J. Chuto et Philippe Laburthe-Tolra, Yaounde, CLE, 1977).

– Soyinka, W. *Idanre and Other Poems*, Methuen, London, 1967 (*Idanre*, traduction de André Bordeaux, Dakar, Nouvelles éditions africaines, 1982).

– Soyinka, W. *The Man Died*, Rex Collings, London, 1972, 315 p. (traduction française de Etienne Galle, *Cet homme est mort*, Belfond, Paris, 1986).

– Soyinka, W. *The Bacchae of Euripides*, Methuen, London, 1973 (*Les Bacchantes d'Euripide*, traduit de l'anglais par Etienne Galle, Silex, Paris, 1989).

– Soyinka, W. *Poems of Black Africa*, Heinemann, London, 1975.

– Soyinka, W. *Death and the King's Horseman*, Methuen, Londres, 1975 (*La mort et l'écuyer du roi*, traduction française de Thierry Dubost, Hatier, Paris, 1986).

– Soyinka, W. *Myth, Literature and the African World*, Cambridge University Press, Cambridge, 1976.

– Soyinka, W. *Ake*, Rex Collings, London, 1984.

– Soyinka, W. *Requiem for a futurologist*, Rex Collings, Londres, 1985 (*Requiem pour un futurologue*, traduction française de Etienne Galle, Nouvelles du sud, 1993).

– Soyinka, W. *Que ce passé parle au présent*, traduit par Etienne Galle, Belfond, Paris, 1987.

– Soyinka, W. *Ibadan, The Penkelemes years, A Memoir : 1946-1965*, Methuen, Londres, 1994 (traduction française de Etienne Galle, Actes Sud, 1997).

– Soyinka, W. *The Burden of Memory, the Muse of Forgiveness*, Oxford University Press, New York, 1999.

– Tétu, M. *Francophonie : histoire, problématique, perspectives*, Hachette/Guérin, Paris/Montréal, 1988.

– Tutuola, A. *The Palm Wine Drinkard and His Dead Palm Wine Tapster in the Dead's Town*, Faber and Faber, Londres, 1952 (*L'Ivrogne dans la brousse*, traduction française de Raymond Queneau, Gallimard, 1953).

– Tutuola, A. *My Life in the Bush of Ghosts*, Faber and Faber, Londres, 1954 (traduction française de Michèle Laforest, Belfond, 1988).

– Tutuola, A. *Feather woman of the jungle*, Faber and Faber, Londres, 1962 (*La Femme plume*, traduction française de Michèle Laforest, Dapper, Paris, 2000).

– Tutuola, A. *The Wild Hunter in the Bush of Ghosts*, reproduction du manuscrit et intr. par B. Lindfors, Three Continents Press, Washington, 1982.

– Verger, P. *Notes sur le culte des orisa et vodun*, Dakar, IFAN, 1957.

– Waterman, C. *Juju, A Social History and Ethnography of an African Popular Music*, University of Chicago Press, Chicago, 1990.

– Wauthier, C. *L'Afrique des Africains, inventaire de la négritude*, Seuil, Paris, 1977 (1ère édition 1964), 366 p.

– Westermann, D. *Ewefiala, or Ewe English dictionnary*, Dietrich Reimer, Berlin, 1928.

– Westermann, D. *A Study of the Ewe language*, Oxford university Press, Londres, 1930.

– Zinsou, S. A. *On joue la comédie*, ORTF-DAEC, Paris, 1975.

– Zinsou, S. A. *L'africaine de Paris par le Happy Star Concert Party*, Ministère de la jeunesse, des sports et de la culture, Lome, 1987.

– Zinsou, S. A. *La tortue qui chante*, Hatier, Paris, 1987.

– Zinsou, S. A. « Aux sources de la création », *Notre librairie 98*, 1989, p. 22-25.

– Zinsou, S. A. *Yevi et l'éléphant chanteur*, éditions A3, Paris, 2000.

– Zinsou, S. A. *Le Médicament*, Hatier, Paris, 2002.

Dans la même collection

– Edouard Motsamai, James Machobane, *Au temps des cannibales*, suivi de *Dans les cavernes sombres*, traduits du sesotho par Victor Ellenberger, 1999

– Sory Camara, *Vergers de l'aube, paroles mandenka sur la Traversée du Monde*, 2001

– Thomas Mofolo, *L'homme qui marchait vers le soleil levant*, traduit du sesotho par Victor Ellenberger, avant-propos de Paul Ellenberger, 2003

Du même auteur

– *Théatre et nationalisme : Wole Soyinka et Le Roi Jones*, Présence Africaine, Paris, 1972 (traduction anglaise, Ifé, 1982).

– *Livre et communication au Nigéria*, Présence Africaine, Paris, 1975.

– *Mister Tameklor* suivi de *Francis le Parisien par le Happy Star*, traduit et annoté par N. Akam et A. Ricard, SELAF, Paris, 1981.

– *L'invention du théatre : Le théâtre et les comédiens en Afrique noire*, L'Âge d'Homme, Lausanne, 1986.

– *Naissance du roman africain : Félix Couchoro (1900-1968)*, Paris, Présence Africaine, 1987, ouvrage publié avec le concours du Centre national des Lettres.

– *Wole Soyinka : l'ambition démocratique*, Silex/Nouvelles éditions africaines, Paris/ Lomé, 1988.

– *Littératures d'Afrique noire : des langues aux livres*, CNRS Editions/Karthala, Paris, 1995.

– *West African Popular Theatre*, écrit par K. Barber, J. Collins et A. Ricard, Indiana University Press, 1997.

– *Ebrahim Hussein, théâtre swahili et nationalisme tanzanien*, Karthala, Paris, 1998 (trad. anglaise, Dar es Salaam, 2000).

– *Voyages de découvertes en Afrique*, Anthologie préparée et présentée par Alain Ricard, Bouquins, Robert Laffont, Paris, 2000.

– *Languages and literatures of Africa*, Trenton, Cape Town/James Currey, Africa World Press, Dave Philip, Oxford, 2004.

Film :

– *Le Principe du taxi*, CNRS Audiovisuel/ Philippe Dussart, 16 mm, 52 minutes, 1981.

Sommaire

Cet ouvrage a été achevé d'imprimer
par l'Imprimerie Floch à Mayenne
le 14 avril 2005
Suivi de fabrication
Ateliers Graphiques de l'Ardoisière

N° ISBN : 2 914240 60 0
N° d'éditeur : 60
N° d'imprimeur : 62865
Dépôt légal : avril 2005
Imprimé en France